L'identité numérique en question

OLIVIER ITEANU

L'identité numérique en question

Avec la contribution de Olivier Salvatori

EYROLLES

ÉDITIONS EYROLLES
61, bd Saint-Germain
75240 Paris Cedex 05
www.editions-eyrolles.com

Préface

Dans le monde qui nous entoure, chaque individu est en perpétuelle interaction avec son environnement. Lorsqu'il s'agit d'établir un échange, un accord entre deux individus, on peut parler de transaction. Une transaction peut avoir lieu car, à un instant donné, des conditions de confiance ont été établies entre les deux individus.

Ces conditions de confiance sont souvent implicites et dépendent fortement du contexte : le boulanger accepte de me vendre du pain si j'ai quelques euros en poche, mais hésitera à le faire si je lui présente un billet de 500 euros, à moins qu'il me connaisse depuis des années, auquel cas il acceptera peut-être de me faire de la monnaie.

Chaque transaction amène un échange durant lequel les individus doivent partager des informations qui permettent d'établir une relation de confiance. Ces informations, rattachées à la personne (mon visage pour le boulanger qui me vend du pain tous les matins, ma carte d'abonné pour le contrôleur SNCF), constituent une part de mon identité.

Dans le monde physique, pour des raisons avouables ou non, on peut chercher à tricher avec son identité de deux manières différentes : par le déguisement (s'inventer une fausse identité) ou par l'usurpation (emprunter une autre identité que la sienne). Plus la transaction présente un enjeu important, plus les conditions de confiance sont drastiques et plus les individus cherchent à se prémunir contre la triche. Ainsi, si je souhaite acheter un ordinateur en payant par chèque, on me demandera certainement de prouver mon identité en présentant un document officiel (carte d'identité, passeport).

L'avènement des systèmes et réseaux informatiques, sur lesquels on peut accéder à des contenus et à des applications, a multiplié les occasions pour les individus d'établir des transactions numériques, c'est-à-dire des transactions réalisées non pas avec un autre individu, mais avec un système informatique (un distributeur de billets, un site Web, etc.).

En essence, les conditions nécessaires au succès d'une transaction numérique sont similaires à celles du monde physique : il faut établir la confiance en partageant des informations d'identité. Dans le monde informatique, la fraude sur l'identité est pourtant d'une nature bien différente : d'une part, elle est plus facile à falsifier (comment faire le lien de manière certaine avec un individu, une personne physique ?) ; d'autre part, elle s'affranchit de toutes les frontières physiques (on peut voler un numéro de carte bancaire depuis n'importe où, alors qu'il faut accéder au portefeuille de la victime pour voler la carte elle-même).

Au final, toutes ces informations d'identité numérique semblent se propager et se reproduire librement sur les réseaux, tant et si bien qu'il n'est plus possible de les maîtriser (quelle information est disponible pour qui et pour quoi faire ?).

Dans le présent ouvrage, Me Olivier Iteanu tente de trouver une définition à ce qu'on appelle l'identité numérique, d'en donner les principales caractéristiques et de montrer, par des exemples concrets, comment cette identité peut révéler, parfois à notre insu, de nombreuses informations à notre sujet.

Son propos, qui est celui d'un avocat spécialisé dans les nouvelles technologies, associe vulgarisation technique et analyse juridique. S'il soulève de nombreuses interrogations, ce n'est que pour montrer la nécessité d'une prise de conscience collective des enjeux associés aux identités numériques, pour notre société comme pour les citoyens qui la composent.

Thierry RUDOWSKI,
BT France.

Remerciements

Cet ouvrage a nécessité le concours de nombreuses compétences dans les domaines technique, économique, sociétal et juridique.

Ma gratitude va d'abord à Cyril Gollain, Fatiha Morin, Thierry Rudowski et toute l'équipe de BT France, qui m'ont constamment soutenu et m'ont fait bénéficier sans réserve de leur expérience dans le domaine de la gestion des identités numériques en entreprise.

Je remercie également Pascal Lointier, d'Aig Europe, président du Clusif, Gérard Peliks, d'EADS, membre du forum Atena, Hervé Schauer et Jean-Pierre Doussot, ex-RSSI de la banque Neuflize-OBC, pour leur expertise de l'économie des réseaux et des questions de sécurité liées à l'identité numérique, Paul Soriano, Jean-Michel Yolin et Frédéric Engel de Livo, pour les aspects sociétaux et économiques, Stéphane Botzmeyer et Mohsen Souissi, pour leur excellente connaissance de l'OpenID, Loïc Damilaville, de l'Afnic et DNS News, qui m'a entretenu de la question des noms de domaine avec Jean-Christophe Vigne d'EuroDNS et Sébastien Bachollet de l'Isoc, Serge Soudoplatoff, pour sa maîtrise des mondes virtuels, enfin Daphnée Hesse et Sylvain Rougeaux, qui ont travaillé avec enthousiasme à mes côtés pour la partie juridique.

J'espère que ces précieuses contributions ont abouti à un ouvrage équilibré, dans lequel les évolutions majeures que nous avons constatées et tenté d'analyser, sont correctement restituées.

Table des matières

L'identité numérique n'est plus virtuelle :
elle est tout à fait réelle.

Kim CAMERON,
« Les sept lois de l'identité numérique »,
internetactu.net, juin 2007.

Avant-propos

Usurpations d'identités en grand nombre, violations répétées de la vie privée des individus, constitution de bases de données gigantesques, fichage généralisé… Quelque chose ne va pas dans le monde d'Internet et des réseaux. Au centre de ce maelström, l'identité numérique.

La première raison à cette situation tient à ce que l'identité sur le « réseau des réseaux » a été à l'origine délaissée par les pionniers d'Internet.

À la différence d'Internet, bien des réseaux informatiques ont été conçus de telle façon que l'identité de l'accédant soit vérifiée à l'entrée du réseau. Par exemple, le réseau informatique des cartes bancaires permet, partout dans le monde, en tout temps et à toute heure, de procéder à des retraits d'argent en espèces. Ce réseau est réservé à un public qui s'authentifie préalablement et obligatoirement au double moyen d'une carte délivrée par une banque et de la saisie d'un code confidentiel personnel. Sauf fraude, l'anonymat n'y a pas sa place.

Internet, quant à lui, ne se préoccupe pas d'identifier ses utilisateurs, même si ces derniers y accèdent majoritairement *via* des fournisseurs d'accès qui les ont identifiés. Il existe de nombreuses façons d'échapper à cette identification (accès publics, « anonymiseurs », etc.).

À l'inverse, face à ce vide, certains opérateurs organisent des communautés d'utilisateurs prédéterminés et sélectionnés, dont ils exigent l'identification préalable. Le professeur de droit Lawrence Lessig[1] a décrit

---

1. Lawrence LESSIG, *Code and Other Laws of Cyberspace*, Boston, Basic Books, 1999.

comment son université, à Boston, l'un des premiers centres d'éducation et de recherche dans le domaine du droit, réservait l'accès à Internet à des machines préalablement autorisées et vérifiées. Dans ces conditions, sauf à usurper une identité ou à pirater une machine, la personne connectée est immédiatement identifiée, sans possibilité d'anonymat. Une telle organisation n'est toutefois possible que lorsque la communauté est peu importante et que des ressources (contrôle par un opérateur humain, moyens techniques) existent pour gérer les identifications préalables.

Pourquoi la question de l'identité a-t-elle été délaissée par les pionniers d'Internet ? Selon certains, ses fondateurs ont pris le parti de favoriser l'anonymat parce qu'ils estimaient qu'il pouvait à la fois garantir la liberté d'expression et assurer le principe d'égalité des internautes. D'autres avancent l'hypothèse que ces pionniers souhaitaient laisser à chacun le choix de son identité en n'imposant pas un système d'identité unique. Enfin, et plus simplement, il est possible que les pionniers aient privilégié la simplicité d'accès au réseau, qui est d'ailleurs à la base de son succès, en excluant toute identification préalable obligatoire.

Quoi qu'il en soit, l'absence de traitement de l'identité a ouvert des brèches qui ont conduit à la situation actuelle, où la défense de l'identité numérique est devenue un problème.

En entreprise, l'identité numérique est aussi omniprésente. Tout nouveau venu se voit attribuer de manière quasi systématique des identifiants et mots de passe pour accéder à son ordinateur et à l'intranet de l'entreprise. Il dispose en outre d'une adresse e-mail pour échanger avec ses collègues, les clients, les fournisseurs.

Les problèmes soulevés par l'identité numérique semblent moins criants dans ce contexte. L'employeur, dans le cadre de son pouvoir de direction, sait normaliser les relations au sein de l'entreprise. Chartes d'usage Internet, contrats de travail, notes de service, cybersurveillance se multiplient pour gérer au mieux les identités numériques. Des normes juridiques et pratiques voient le jour, dont la loi et les tribunaux sanctionnent les abus, notamment les atteintes à la vie privée sur le lieu de travail. Mais salariés et employeurs ne savent pas toujours où se situent les limites juridiques de ces nouveaux usages et leurs responsabilités.

Les questions soulevées par l'identité en général sont aussi anciennes que la société des hommes, et l'on peine toujours à en donner une définition unanime. De la philosophie aux sciences sociales en passant par les sciences naturelles, chacun fournit la sienne.

Notre propos n'est pas d'en dresser l'inventaire ni de proposer une définition théorique de l'identité à l'heure numérique. Nous nous bornerons à établir des constats du point de vue juridique :

- Aux côtés des fondements génétiques, biologiques, psychologiques, sociologiques et culturels de l'identité, s'en ajoute un nouveau : le contexte numérique. Ce contexte a généré une nouvelle identité, que nous appelons « identité numérique ».

- L'identité numérique est partout présente dans l'espace public qu'est Internet comme dans l'entreprise, mais cette présence n'est pas « normée » de manière satisfaisante. Elle s'affirme au travers d'une multitude d'identifiants numériques non ou mal gérés.

- L'identité numérique est probablement l'une des clefs de compréhension de la société de l'information dans laquelle nous sommes entrés, et elle dépasse largement la seule question identitaire. La difficulté, voire l'impossibilité d'identifier les internautes explique, par exemple, pourquoi les pouvoirs publics peinent tant à lutter contre la contrefaçon, en dépit d'un train de mesures répressives qui se multiplient d'année en année.

Organisation de l'ouvrage

Par cet ouvrage, nous souhaitons engager une réflexion juridique ouverte et accessible à tous sur l'identité numérique. La problématique de l'identité numérique mêle des questions techniques, juridiques et organisationnelles. Ces questions recèlent des enjeux fondamentaux pour le devenir de la société de l'information.

Pour aider le lecteur à comprendre ces questions et ces enjeux, nous avons organisé l'ouvrage en onze chapitres.

- Le chapitre I commence par introduire les problématiques juridiques générales posées par les identifiants numériques. Ces identifiants sont indispensables à la construction d'une identité numérique.

- Le chapitre II soulève la question de l'anonymat sur les réseaux et de son traitement par la loi : est-il légal, et si oui dans quelles limites ?

- Le chapitre III se penche sur les traces. Pour contrer l'anonymat, le législateur a rendu la collecte des traces obligatoire. Nous verrons quels sont les contours exacts de cette obligation de traçage et constaterons qu'elle vise bien plus que les seuls fournisseurs d'accès Internet.

- Les chapitres IV à VI détaillent ces identifiants numériques omniprésents que sont le pseudo, le nom de domaine et le mot de passe et les abordent au travers des difficultés juridiques spécifiques qu'ils soulèvent.

- Les chapitres VII et VIII portent sur les titres et les registres d'identité. Tout système d'identité, qu'il soit numérique ou non, délivre des titres d'identité, comme la carte nationale d'identité, et gère un registre d'identité, comme le registre de l'état civil. Mais comment peuvent s'envisager des titres et des registres dans un système d'identité numérique ?

- Les chapitres IX à XI se penchent sur trois symptômes propres à Internet, conséquences de l'absence d'un système d'identité numérique global : la lutte pour la défense du droit à l'image et contre les nouvelles formes d'usurpation d'identité, notamment le « phishing », ainsi que la difficulté d'échapper à son identité numérique du fait de l'omniprésence des moteurs de recherche qui collectent et enregistrent tout.

L'identité numérique engendre de multiples problèmes. Si nous sommes encore loin d'avoir apporté toutes les solutions, au moins pouvons-nous nous poser les bonnes questions. Pour cela, une claire vision juridique de ces problèmes est nécessaire. Cet ouvrage ne vise à rien d'autre qu'à apporter cette pierre à l'édifice.

CHAPITRE I

Construire
une identité numérique

Un système d'identité, qu'il soit réel ou électronique, est fondé sur des identifiants : prénoms, nom, date et lieu de naissance, numéro de Sécurité sociale, etc., dans le monde réel ; pseudo, adresse de messagerie, nom de domaine, adresse IP, etc., dans celui des réseaux.

Dans le monde réel, il existe des identifiants socles encadrés par l'État et le droit. Dans le monde numérique, l'homme semble s'affranchir des obligations juridiques et étatiques pour créer ses propres identifiants.

Devenu numérique, l'identifiant se désacralise et passe du stock au flux. L'internaute vit de plus en plus sous plusieurs identités, soit par souci de cacher son identité réelle, soit par jeu, soit par schizophrénie. La notion de *pseudonymat*, contraction de pseudonyme et d'anonymat, se répand du fait de l'absence d'interactions physiques entre les internautes.

Ces nouvelles pratiques ne vont pas sans difficultés. Chacun veut maîtriser son identité pour décider comment, par qui et quand il veut et peut être joint. Or, la multiplicité des identités est difficile à gérer. Paradoxalement, nous verrons que l'impression de liberté que procurent les identités multiples est des plus trompeuse.

Les identifiants numériques peuvent se définir comme autant de signes qui caractérisent un individu de son point de vue, partiellement ou totalement, de manière définitive ou temporaire, dans le contexte électronique. Ces signes sont créés et gérés en ligne. Comme indiqué précédemment, ces identifiants numériques sont le pseudonyme, devenu pseudo, l'adresse de messagerie, ou e-mail, le nom de domaine Internet, l'URL et l'adresse IP.

Cette définition comporte en elle-même deux exclusions : les objets et les sujets virtuels, ou avatars. Même si Internet connecte et connectera de plus en plus d'objets, voire de robots, aux réseaux en leur attribuant une adresse IP, chacun reconnaît qu'un objet n'a pas de volonté propre et qu'il n'est donc pas un sujet de droit. En revanche, l'objet a un maître, un gardien, qui assume une responsabilité au titre de sa garde[1]. Les avatars n'ont pas davantage de volonté propre, mais ils possèdent un maître, ce qui ne va pas sans conséquences que nous verrons au chapitre IV.

Selon un second niveau, nous entendons par identifiants numériques tous les attributs classiques de la personnalité, tels que le nom patronymique ou de famille, l'adresse postale, etc., mais manipulés par des outils principalement logiciels mis à disposition du public. Nous verrons que ces attributs classiques peuvent correspondre tout autant à une identité réelle qu'à une identité virtuelle, construite de toutes pièces ou achetée.

Il convient enfin de distinguer les notions d'identifiant, d'identification et d'authentification.

La construction d'une identité numérique et sa gestion peuvent passer par quatre phases :

1. **Inscription** : l'utilisateur crée un identifiant numérique (pseudo) et, le plus souvent, accompagne cette création d'une déclaration de données d'identité.

2. **Vérification** : les modes de vérification sont extrêmement variables. Certains services se contentent d'envoyer un message de confirmation à une adresse électronique de contact déclarée afin de vérifier que cette adresse existe. D'autres utilisent des moyens plus sophistiqués, tels

---

1. Responsabilité du fait des choses régie par l'article 1384, alinéa 1, du Code civil : « On est responsable non seulement du dommage que l'on cause par son propre fait, mais encore de celui qui est causé par le fait des personnes dont on doit répondre, ou des choses que l'on a sous sa garde. »

que la vérification des formats des champs (comme le numéro de téléphone, constitué de dix chiffres et correspondant à un plan de numérotation national) ou l'interrogation de bases de données externes pour vérifier la cohérence d'une adresse, la validité d'un moyen de paiement, etc.

3. **Identification** : c'est le processus par lequel est retrouvé dans le système l'identifiant numérique créé et vérifié aux phases précédentes.

4. **Authentification** : étape de vérification que l'utilisateur est bien le propriétaire de l'identifiant revendiqué. Les méthodes d'authentification sont classiquement rangées dans trois catégories : « ce que je sais » et que je suis seul à connaître (mot de passe, etc.) ; « ce que je possède » (badge, etc.) ; « ce que je suis » (empreintes digitales, etc.).

Les identifiants numériques sont donc bien à la base de la construction de l'identité numérique. Nous allons voir les principales caractéristiques techniques, sociologiques et légales de ces nouveaux identifiants.

Le pseudo

Dans le monde numérique, les échanges relèvent essentiellement du domaine du texte. Pour exister, le blogueur, le participant à un forum, le correspondant doivent se nommer. Si l'on interroge un individu quel qu'il soit et qu'on le somme de donner son identité, sa première réponse sera immanquablement son nom.

L'être humain est un être social, destiné à vivre au milieu des autres et à interagir avec eux. Le nom est un premier moyen d'interaction. Il revêt d'ailleurs la plus haute importance pour l'homme, même s'il n'en a pas toujours conscience. Dans le monde réel, il reçoit ce nom de ses parents à la naissance en même temps qu'un prénom qui lui est choisi et qu'il conservera toute sa vie, sauf cas particuliers. Pour cette raison, certains voient dans le nom la perpétuation d'une tradition, de valeurs. Dans la tradition judéo-chrétienne, ces mêmes prénoms et nom figureront sur sa tombe après sa mort. L'abandon ou le changement de nom ou de prénom traduit souvent un changement profond de vie de la personne. Le droit régit et surveille étroitement un tel changement, qu'il porte sur le nom ou sur le prénom[1].

Dans les trois religions monothéistes, la conversion s'accompagne toujours d'un changement de nom. Dans certaines traditions, on considère même que, sans prédéterminer un destin, le prénom attribué par les parents à l'enfant peut lui conférer certaines caractéristiques[1]. On dit que tout au long de sa vie l'homme dispose de trois noms : celui donné par ses parents (identité reçue ou subie), celui qui lui sera attribué par ses amis et celui qu'il acquerra par lui-même (identité choisie, construite ou achetée), ce dernier étant jugé supérieur aux deux autres : c'est ce qu'on appelle « se faire un nom ».

Le mot *pseudonyme* vient du grec *pseudônoumos*, et est fondé sur le radical *pseudês*, menteur. Il s'agit donc au sens littéral d'un faux nom. Avec le temps, il a pris le sens de nom d'emprunt, se distinguant ainsi du surnom, ou sobriquet. Attribué par l'individu à lui-même, il est librement et volontairement choisi[2]. Nom d'emprunt, le pseudonyme peut aussi se définir comme un « nom de fantaisie, librement choisi par une personne physique dans l'exercice d'une activité particulière [...] afin de dissimuler au public son nom véritable[3] ».

Il existe toute une tradition littéraire de recours au pseudonyme. De grands écrivains, tels François-Marie Arouet (Voltaire), Marguerite Donnadieu (Marguerite Duras) ou Frédéric Dard (San Antonio), ont eu recours à ce que l'on appelle aussi parfois un nom de plume.

Durant la Seconde Guerre mondiale, de nombreux résistants ont eu recours au pseudonyme. Jacques Delmas a ainsi choisi Chaban, qu'il a conservé après la guerre en l'ajoutant à son nom pour devenir Jacques

---

1. Art. 60 et suivants du Code civil.
1. C'est une des thèses de la Kabbale (Matityahu GLAZERSON, *What's in a Name. The Spiritual Link between the Name of a Person and his Soul*, Ed. JHRL, 2005).
2. « Le surnom, ou sobriquet, est une désignation imposée à son porteur par l'usage des tiers, qui s'ajoute et même souvent en pratique se substitue au nom patronymique. Il ne résulte pas d'un choix personnel aux fins de dissimuler sa véritable identité au public et c'est ce qui le différencie du pseudonyme » (*JurisClasseur Civil*, Annexes, V, Nom, Fasc. 50).
3. Gérard CORNU, *Vocabulaire juridique*, PUF, 2005. Cette définition est également retenue par la jurisprudence (Cass., 1re chambre civile, 23 février 1965, *JCP*, 1965, II, 14255, note P. Neveu).

Chaban-Delmas, Premier ministre du général de Gaulle et maire de Bordeaux. Beaucoup d'autres résistants ont fait le choix de conserver leur pseudonyme de combattant comme nom patronymique.

Dans le monde des réseaux, le recours au pseudonyme est très répandu. On parle à son propos plutôt de *pseudo*. Ce raccourci terminologique traduit en fait une évolution dans l'usage du pseudonyme.

Sur Internet, le recours au pseudo est quasi obligatoire pour accéder à un grand nombre de services et dans des situations précises auxquelles doit faire face l'internaute. Il peut lui être demandé de s'identifier à l'entrée d'un site Internet, intranet ou extranet, pour discuter dans un forum, s'abonner à une lettre d'information ou participer à un jeu, obtenir des informations ou acheter en ligne.

Le pseudo correspond à une identité créée le plus souvent dans l'instant, et généralement jetable. Le succès du pseudo vient du fait qu'à la différence du nom et du prénom, il ne permet pas une complète identification d'un individu. Selon un sondage réalisé en 2005 par la FING (Fondation Internet nouvelle génération[1]), 35 % des personnes interrogées ont dit recourir au pseudo pour protéger leur vie privée, 21 % pour ne pas être reconnues et 4 % pour « jouer à quelqu'un d'autre ».

Nous verrons au chapitre IV que le choix d'un pseudo connaît des limites d'ordre légal. Nous aborderons également la question de la protection éventuelle du pseudo par le droit des marques et passerons en revue les limitations imposées par la loi à l'usage du pseudo.

Le nom de domaine et l'URL

Chaque ordinateur connecté à Internet est doté d'une adresse dite IP, constituée d'une suite de chiffres difficile à mémoriser. Les précurseurs du réseau Internet ont imaginé d'associer à une adresse IP un nom intelligible et intangible, appelé *nom de domaine*. Saisir un nom de domaine sur un navigateur Internet revient à retrouver l'adresse IP qui lui est associée à un instant donné.

---

1. *www.fing.org.*

Quand un utilisateur souhaite accéder à un site Internet, par exemple *www.voyagessncf.fr*, il saisit dans son navigateur cette « adresse » composée d'un domaine Internet, *.fr*, aussi appelé extension ou suffixe, et d'un radical, *voyagessncf*. L'ordinateur émet ensuite une requête spéciale à destination d'un serveur spécialisé, appelé serveur DNS, qui lui répond en retournant l'adresse IP de l'ordinateur hébergeant ledit site. Cette adresse IP est composée d'une suite de chiffres, de type *204.200.195.117*. Ainsi, l'ordinateur sait à quelle machine se connecter pour accéder au site visé.

Le nom de domaine est attribué par un organisme de droit privé, généralement une société commerciale, appelé unité ou bureau d'enregistrement, en anglais *registrar*. Nous verrons au chapitre v que cette attribution des noms de domaine se fait le plus souvent en ligne, selon des règles peu formalistes et en quelques minutes. Nous verrons aussi que cette procédure originale ne va pas sans poser problème eu égard à la propriété intellectuelle.

Une URL (Uniform Resource Locator) est une chaîne de caractères utilisée pour fournir une adresse à n'importe quelle ressource Internet : document HTML, image, forum, boîte aux lettres électronique, etc. L'URL permet d'indiquer aux logiciels (navigateurs Internet, clients de messagerie électronique, etc.) comment accéder à ces ressources.

Les informations contenues dans une URL peuvent comprendre le protocole de communication, un nom d'utilisateur, un mot de passe, une adresse IP, un nom de domaine, un numéro de port, etc. Chaque lien hypertexte du Web est construit avec l'URL de la ressource pointée. Par exemple, si vous décidez de visiter la page « Mentions légales » du site du quotidien *Le Monde*, votre navigateur vous renverra à l'adresse *http://www.lemonde.fr/web/article/0,1-0@2-3388,36-875325,0.html*, une URL composée du protocole de communication utilisé (*http*), du nom de domaine (*lemonde.fr*) et du chemin d'accès vers la page souhaitée (*web/article/0,1-0@2-3388,36-875325,0.html*).

Un système d'identité global, appelé OpenID[1], permet d'attribuer une URL comme identifiant unique pour accéder à tous les sites ou services

---

1. *www.openid.net.*

compatibles. La société Orange, par exemple, propose ce système à ses abonnés. Agissant en fournisseur d'identité, Orange attribue une URL à un utilisateur préalablement authentifié (par exemple openid.orange.fr/un_identifiant_choisi_par_lutilisateur), lequel utilisateur peut ensuite se connecter au moyen de son OpenID à tous les services compatibles. Il lui suffit de saisir cette URL à l'entrée du service dans le champ prévu à cet effet. Le fournisseur de service vérifie en temps réel et en ligne l'identité déclarée auprès du fournisseur d'identité, en l'occurrence Orange, qui demande à l'utilisateur de s'authentifier. L'avantage de ce système est d'éviter à l'utilisateur d'avoir à créer un identifiant et un mot de passe différents pour chaque service auquel il souhaite accéder.

Le fournisseur de service peut disposer de certaines informations sur l'individu, si ces dernières ont été collectées par le fournisseur d'identité (ici Orange) avec l'accord explicite de l'individu pour qu'elles soient transférées aux fournisseurs de service compatibles. Nous reviendrons au chapitre V sur ce projet crédible de système d'identité numérique global.

Peut-on être propriétaire d'un nom de domaine ?

La question de la propriété d'un nom de domaine Internet est directement liée à celle de sa valeur. Le changement de nom de domaine Internet par une entreprise qui a pris l'habitude d'échanger avec ses clients, fournisseurs, partenaires et salariés au moyen de ce nom représente un coût important[1]. C'est encore plus évident lorsque l'entreprise réalise des transactions commerciales sur son site. Selon nous, il ne fait aucun doute que l'entreprise doit pouvoir compter le nom de domaine Internet parmi ses actifs. Il existe cependant une école de pensée contraire, quoique minoritaire, généralement constituée des pionniers d'Internet, pour plaider que le nom de domaine est une ressource technique publique et à ce titre non appropriable.

Jusqu'en 1994, les noms de domaine étaient distribués gratuitement par un organisme américain de droit public. Au cours de l'année 1994, une entreprise commerciale a pris le relais et fait de la vente des noms de domaine une activité lucrative. Aujourd'hui, le nom de domaine s'inscrit sans conteste dans le commerce juridique, et toutes opérations sont possibles à son propos : le céder ou le concéder, selon des contrats conclus, enregistrés et exécutés,

---

1. Loïc DAMILAVILLE, Patrick HAUSS, « Stratégies de nommage – sélectionner et sécuriser ses noms de domaine sur l'Internet », *Domaines Info*, 2007.

donnant lieu à paiement. Lorsque le nom de domaine est associé à un site de commerce électronique, la jurisprudence le qualifie d'enseigne[1].

L'Afnic[2], association chargée de la gestion de la zone de nommage *.fr*, a longtemps résisté à l'évidence. Aujourd'hui encore, sa charte de nommage comporte des traces de cette ancienne doctrine. Au terme de « propriété », l'Afnic préfère celui, d'ailleurs plus juste juridiquement, de « droit d'usage ». En effet, la propriété est un droit absolu et perpétuel, alors qu'un nom de domaine est forcément limité dans le temps, car soumis à la double condition d'un renouvellement et du paiement d'une redevance associée. L'article 8 de la charte de nommage de l'Afnic énonce qu'elle « dispose d'un droit de reprise et d'un droit de préemption notamment dans le cas d'un terme qu'il s'avérerait nécessaire d'introduire dans la liste des termes fondamentaux non attribuables. Le droit de reprise ne peut s'exercer sans un préavis de 6 (six) mois, ramené à 3 (trois) mois en cas d'urgence motivée, permettant au titulaire de choisir un autre nom de domaine et de s'assurer d'une parfaite migration[3] ».

L'e-mail

Le terme anglais *email* (*electronic mail*) a d'abord été francisé en « mèl ». La commission générale de terminologie et néologie du ministère de la Culture est ensuite revenue sur sa décision pour faire le choix de « courriel », d'origine québécoise[4]. L'e-mail est un des services le plus populaires d'Internet. Dans son principe, il permet le transfert de messages entre interlocuteurs et l'échange de fichiers textuels, graphiques et sonores. Il dispose des avantages combinés du courrier postal et de la communication téléphonique. C'est en quelque sorte une lettre postale transmise instantanément de manière électronique.

---

1. TGI de Paris, 31e chambre correctionnelle, 8 avril 2005, ministère public/Nicole T. : « L'appellation d'un site correspond, sur le plan électronique, à l'enseigne » (à propos du nom de domaine *soldeurs. com* utilisé en dehors des périodes légales de soldes en France).
2. Association française pour le nommage Internet en coopération. Le mot « coopération » traduit bien cette école de pensée qui défend un Internet libre et gratuit, dans lequel les noms de domaine sont de pures informations techniques. L'Afnic est une association régie par la loi du 1er juillet 1901 constituée par la volonté commune de l'Inria et de l'État.
3. Charte de nommage de l'Afnic, 15 janvier 2007 (entrée en vigueur à la fin de 2007).
4. *Journal officiel*, 20 juin 2003.

L'e-mail est généralement associé à un espace de stockage de correspondances diffusées par voie électronique. Appelé BAL (boîte à lettres électronique), cet espace de stockage est hébergé sur un serveur dit de messagerie.

Une adresse électronique est composée d'un nom de domaine Internet précédé du signe technique caractéristique @, ou arobase, ou encore *at* (« chez » en langue anglaise), lui-même précédé d'un identifiant. Le nom de domaine Internet comme le nom précédant l'arobase peuvent servir à identifier l'émetteur d'un e-mail.

Le message électronique lui-même comporte deux parties distinctes : le corps du message et l'en-tête. Ce dernier est constitué de plusieurs champs, l'adresse e-mail du ou des destinataires, l'adresse e-mail de l'expéditeur, le sujet du message, la possibilité d'une copie conforme ou *carbon copy* (Cc :), voire d'une copie conforme invisible ou *blind carbon copy* (Cci :). L'e-mail offre en outre différentes fonctions, telles que joindre un fichier, « répondre à », ou Reply, « faire suivre », ou Forward, et le Carnet d'adresses.

Au final, l'e-mail est un condensé assez rare d'identifiants numériques.

L'e-mail est-il assimilable à une correspondance privée ?

Dans certains cas, le courrier électronique peut sans aucun doute être assimilé à une correspondance privée. L'article premier de la loi du 10 juillet 1991[1] prévoit en effet que « le secret des correspondances émises par la voie des communications électroniques est garanti par la loi ». La violation de ce secret tombe sous le coup de l'article 226-15 du Code pénal, qui punit d'un an d'emprisonnement et de 45 000 euros d'amende « le fait, commis de mauvaise foi, d'ouvrir, de supprimer, de retarder ou de détourner des correspondances arrivées ou non à destination et adressées à des tiers, ou d'en prendre frauduleusement connaissance ».

Cette protection juridique ne vaut toutefois que dans la mesure où ces correspondances revêtent un caractère privé, c'est-à-dire lorsqu'elles sont destinées à une (ou plusieurs) personne physique ou morale, déterminée ou individualisée.

---

1. Loi n° 91-646 du 10 juillet 1991 relative au secret des correspondances émises par la voie des télécommunications.

Certains types de correspondances présentent un caractère unilatéral et relaient une information impersonnelle. Ainsi les e-mails publicitaires et le Spam ne relèvent pas de la correspondance privée. Il en va de même des e-mails adressés aux listes de diffusion et autres *newsletters*.

La question du secret des correspondances privées se pose également dans le cadre de la relation de travail qui unit un employeur et son salarié. Il s'agit de savoir si l'employeur peut prendre connaissance des e-mails envoyés et reçus par le salarié. On sait depuis l'arrêt Nikon de la chambre sociale de la Cour de cassation du 2 octobre 2001 que « l'employeur ne peut [...] prendre connaissance des messages personnels émis par le salarié et reçus par lui grâce à un outil informatique mis à sa disposition pour son travail[1] ». Durant plusieurs années, cette jurisprudence s'est confirmée. L'employeur ne pouvait accéder à la boîte à lettres électronique de son salarié sans l'accord de celui-ci ou sans autorisation judiciaire.

Cependant, la jurisprudence récente a nuancé cette appréciation. Par deux arrêts de la Cour de cassation rendus le même jour, le 18 octobre 2006[2], les juges considèrent que « les dossiers et fichiers créés par un salarié grâce à l'outil informatique mis à sa disposition par son employeur sont présumés, sauf si le salarié les identifie comme étant personnels, avoir un caractère professionnel, de sorte que l'employeur peut y avoir accès hors sa présence ». Bien que visant uniquement l'accès au disque dur de l'ordinateur mis à la disposition du salarié, on peut légitimement penser que cette définition s'étendra à la messagerie électronique. Cet équilibre final semble préserver tout à la fois les libertés individuelles du salarié et les besoins de l'entreprise.

L'adresse IP

On appelle adresse IP (Internet Protocol) le numéro qui identifie tout matériel informatique (ordinateur, routeur, téléphone IP, etc.) connecté à un réseau informatique utilisant le protocole Internet. C'est cette adresse qui permet aux ordinateurs connectés à Internet d'entrer en communication sur le réseau.

Le numéro constituant l'adresse IP comporte, dans la version 4 du protocole Internet (IPv4), quatre nombres compris entre 0 et 255, séparés par des points, comme *212.134.19.159*. IPv6 a été développé en réponse

---

1. *www.legalis.net.*
2. Cass., chambre sociale, 18 octobre 2006, pourvoi n° 04-48025, *Bulletin*, 2006, V, n° 308, p. 294.

au besoin grandissant d'adresses IP. Le développement extrêmement rapide d'Internet a conduit à la saturation des adresses IPv4 disponibles. Une adresse IPv6 comporte 8 nombres, compris entre 0 et 65 535 (notés en hexadécimal), séparés par des deux-points, comme *1FFF:0:A88:85A3:0:0:AC1F:8001*. On dispose ainsi d'environ $3,4 \times 10^{38}$ adresses, soit plus de 667 millions de milliards par millimètre carré de surface terrestre.

Il existe deux types d'adresses IP : les adresses fixes et celles dites dynamiques. Les adresses IP fixes ont pour particularité d'être assignées définitivement à un matériel informatique par un FAI (fournisseur d'accès Internet). *A contrario*, une adresse IP dynamique est attribuée au matériel qui se connecte pour un temps limité, appelé « session ». L'adresse IP dynamique est renouvelée à chaque connexion au réseau Internet. Les adresses IP dynamiques sont généralement utilisées lorsque la connexion de l'ordinateur au réseau Internet n'est pas permanente.

Un utilisateur d'Internet est identifié, tout au long de sa connexion au réseau, par l'adresse IP qui lui a été attribuée par son FAI. L'accès à Internet n'est accordé par le FAI qu'après authentification de l'utilisateur. Une fois ce dernier connecté à Internet, chaque requête qu'il effectue sur le réseau est identifiée comme provenant de cette adresse IP. Tout au long de sa navigation sur le Web et de son utilisation du réseau Internet, l'utilisateur est identifié comme connecté au moyen de cette adresse IP.

Dans le cas de la navigation Web, cette information est indispensable aux serveurs Web recevant une requête de l'utilisateur (par exemple la requête d'affichage de la page d'accueil d'un site) pour déterminer à quelle adresse doit être envoyé le résultat de la requête. Ce résultat, constitué des données constitutives de textes, d'images, etc., est organisé en paquets, dont l'enveloppe porte l'adresse IP du destinataire, permettant de « router » la réponse vers l'émetteur de la requête.

En résumé, chaque personne connectée au réseau Internet est constamment identifiée au moyen de son adresse IP, et ce quel que soit le service qu'elle utilise. Par le biais du jour et de l'heure de connexion ainsi que de l'adresse IP, il est possible d'identifier la machine qui a visité un site Web donné, quelles que soient les suites de cette visite : achat, téléchargement, échange dans le cadre d'un forum de discussion, « chat », etc.

L'adresse IP relève davantage du domaine de l'identifiant que de celui de l'identité. On imagine mal en effet qu'un individu se définisse par son adresse IP. En outre, l'adresse IP est le plus souvent un identifiant subi, et non choisi. Nous verrons au chapitre III relatif aux traces que l'adresse IP est une donnée fondamentale de la surveillance des réseaux et que, dans ces conditions, la question de son statut juridique revêt une importance majeure.

L'adresse IP est-elle une donnée à caractère personnel ?

L'enjeu de cette question est fondamental : si l'adresse IP peut être qualifiée de donnée à caractère personnel, sa collecte et son enregistrement, dans le cadre d'activités de surveillance, sont soumises à l'ensemble des règles édictées par la Loi informatique et libertés (déclaration du traitement à la CNIL[1], droit d'accès et de rectification, droit de s'opposer au traitement pour des motifs légitimes, etc.) et donc au contrôle de la CNIL.

Prenons le cas d'une organisation qui surveille ses salariés en collectant les adresses IP en entrée et sortie de son système d'information. Si l'adresse IP est une donnée à caractère personnel, le traitement qui résulte de cette collecte doit être préalablement déclaré à la CNIL. À défaut, le représentant légal de l'organisation est passible des peines maximales de cinq ans d'emprisonnement et de 300 000 euros d'amende. De plus, l'adresse IP ne peut être produite en justice à titre de preuve : son traitement étant illégal, le tribunal rejetterait immanquablement la pièce.

À l'inverse, si l'adresse IP n'est pas qualifiée de donnée à caractère personnel, elle échapperait au contrôle de la CNIL, le traitement issu de la collecte des adresses IP ne devrait pas être préalablement déclaré, et le contrôle sur la collecte des adresses IP s'en trouverait largement amoindri.

Jusqu'en 2007, la situation semblait limpide puisque la CNIL, rappelant de façon constante que « les données sont considérées comme à caractère personnel dès lors qu'elles concernent des personnes physiques identifiées directement ou indirectement[2] », assimilait l'adresse IP à une donnée à caractère personnel. Un consensus s'était dégagé et la question semblait entendue. C'était sans compter sur la cour d'appel de Paris, qui a adopté une position diamétralement opposée et a mis à nouveau cette problématique au centre de toutes les interrogations.

---

1. Commission nationale de l'informatique et des libertés, *www.cnil.fr*.
2. *http://www.cnil.fr/index.php?id=1686*.

Par deux arrêts d'avril 2007[1], la cour d'appel de Paris a considéré que les adresses IP, collectées lors de la recherche et de la constatation d'actes de contrefaçon, ne pouvaient constituer des données à caractère personnel au motif que celles-ci ne permettraient pas d'identifier, même indirectement, des personnes physiques. Selon elle, « le relevé de l'adresse IP de l'ordinateur ayant servi à l'infraction entre dans le constat de sa matérialité et pas dans l'identification de son auteur ». Elle ajoutait que « cette série de chiffres en effet ne constitue en rien une donnée indirectement nominative relative à la personne ».

Une telle analyse ébranle profondément la notion de donnée à caractère personnel que la loi appréhende pourtant de façon très large. L'article 2 de la loi du 6 janvier 1978 modifiée en 2004 considère comme donnée à caractère personnel « toute information relative à une personne physique identifiée ou qui peut être identifiée, directement ou indirectement, par référence à un numéro d'identification ou à un ou plusieurs éléments qui lui sont propres. Pour déterminer si une personne est identifiable, il convient de considérer l'ensemble des moyens en vue de permettre son identification dont dispose ou auxquels peut avoir accès le responsable du traitement ou toute autre personne ». De plus, cette décision va totalement à l'encontre de la position non seulement de la CNIL, mais de ses homologues européens, qui ont récemment rappelé que l'adresse IP constituait une donnée à caractère personnel.

Toutefois, si cette jurisprudence peut déstabiliser, elle ne saurait inquiéter outre mesure tant sa logique est peu convaincante. Si les numéros de téléphone ou de Sécurité sociale sont considérés comme des données à caractère personnel, alors qu'il ne s'agit que de suites de numéros, il est difficile de comprendre ce qui pousse les magistrats à considérer l'adresse IP comme « une série de chiffres » et à adopter dans le même temps à son égard un raisonnement différent.

Quelques mois après ces deux décisions, des juges de première instance sont d'ailleurs revenus à la position antérieure. Le tribunal de grande instance de Saint-Brieuc a considéré, le 6 septembre 2007[2], que « l'adresse IP de la connexion associée au fournisseur d'accès constitue un ensemble de moyens permettant de connaître le nom de l'utilisateur » et a conclu que ces informations étaient des données à caractère personnel ayant concouru « indirectement » à l'identification de l'internaute. Autant d'arguments faisant douter de la portée des arrêts de la cour d'appel de Paris et de leur impact juridique réel.

---

1. CA de Paris, 13ᵉ chambre, section B, 27 avril 2007, Guillemot ; CA de Paris, 13ᵉ chambre, section A, 15 mai 2007, Sébaux.
2. TGI de Saint-Brieuc, 6 septembre 2007, ministère public, SCCP, SACEM/J. P.

Système d'identité numérique

Tout identifiant prend généralement place au sein d'un système que l'on peut appeler « système d'identité ». Ce système est habituellement composé de quatre éléments qui interagissent les uns avec les autres :

- Les *identifiants* eux-mêmes.

- Pour qu'un identifiant soit unique à un individu, il doit être recensé dans un *registre* ou une base de données, tenu et gardé par un tiers pérenne et de bonne moralité.

- Les identifiants renseignent sur les individus auxquels ils se rattachent. Ces renseignements sont consignés dans des *titres d'identité* qui permettent leur authentification.

- Les identifiants donnent des *droits*, mais aussi des *devoirs* à ceux auxquels ils se rattachent. Le système d'identité n'a d'ailleurs de raison d'être qu'au regard de ce quatrième élément.

Le « système état civil » d'un individu français est constitué d'un certain nombre d'identifiants (nom, prénoms, date et lieu de naissance). Ces derniers sont conservés dans le registre de l'état civil tenu par l'État. Ils renseignent sur l'individu. Des titres d'identité, notamment la carte nationale d'identité, consignent ces informations. Enfin, ces identifiants donnent des droits ou des autorisations, tels que le droit de vote à la majorité.

Un tel système global n'existe pas pour l'identité numérique. Lorsque des services fournis sur le réseau ont besoin d'identités, ils mettent en place leur propre système d'identité, le plus souvent constitué d'un pseudo et d'un mot de passe. On parle alors d'identité *contextuelle*, c'est-à-dire qui dépend du contexte.

Si je souhaite accéder à Infogreffe, le registre du commerce et des sociétés en ligne, ce service me crée une identité à cet effet. Mais si je souhaite accéder ensuite au registre des marques de l'INPI[1], je dois initier une nouvelle démarche auprès de cet organisme pour obtenir une deuxième identité numérique. Si je rejoins mes amis sur Facebook, je devrai initier

---

1. Institut national de la propriété industrielle, *www.inpi.fr.*

encore une autre démarche. Enfin, si je fréquente un blog sur la poésie et y fais part régulièrement de mes commentaires, le blogueur me demandera une autre identité mais il peut aussi accepter un commentaire anonyme de ma part.

Transposons les quatre éléments constitutifs d'un système d'identité à l'identité numérique, et voyons les premières questions que cette transposition soulève :

- **Identifiants numériques :** doivent-ils composer, partiellement ou totalement, avec ceux du monde réel ? Peut-on bâtir un système d'identité numérique exclusivement sur les identifiants numériques ou partiellement seulement ?

- **Registre en ligne :** peut-on imaginer la création d'un tel registre recensant l'ensemble des identifiants numériques, à l'instar du registre de l'état civil ?

- **Carte d'identité réseau :** nous avons vu qu'un système d'identité global délivrait des titres à partir de son registre, à la manière la carte nationale d'identité ; peut-on envisager une qui soit dédiée aux usages du réseau ?

- **Droits et devoirs numériques :** l'ensemble de ces questions se pose dans un contexte où s'entrecroisent les obligations contradictoires d'anonymat et de traçabilité généralisée encadrées par la loi.

Faire du commerce ou consommer dans le cadre du e-commerce, agir comme citoyen ou plus simplement s'exprimer en public (blogs, forums, etc.) sont autant d'activités qui peuvent dépendre de la production d'une identité numérique sécurisée.

Un système d'identité numérique global peut revêtir différentes formes :

- **Centralisé :** un unique fournisseur d'identité possède l'intégralité des informations concernant un individu. L'État pourrait être ce fournisseur s'il n'était totalement absent des réseaux.

- **Distribué ou décentralisé :** de multiples fournisseurs d'identité généralistes ou spécialistes possèdent, selon leur spécialité, une ou plusieurs informations concernant un individu. La banque fournira les coordonnées bancaires, l'employeur attestera d'attributions professionnelles, etc.

- **Propriétaire ou ouvert :** le système sera dit propriétaire si la technologie utilisée appartient à un seul acteur et ouvert si les spécifications de cette technologie sont librement et gratuitement utilisables par tous.

Ces options techniques déterminent de vrais choix de société. Par exemple, derrière l'option d'un seul fournisseur d'identité centralisé se cache le cauchemar du Big Brother de George Orwell. Ou encore, un système d'identité numérique global fondé sur une technologie ouverte prémunit en quelque façon contre le risque d'appropriation d'informations confidentielles par des intérêts privés.

Dans le monde réel, l'identité est garantie ou contrôlée par les autorités publiques. L'identité numérique évolue quant à elle entre des mains invisibles et sans socle de référence. Elle échappe à l'État et, surtout, son titulaire en a perdu partiellement le contrôle. Dans le monde numérique, l'identité est un « produit », qui prend place dans une économie de marché et suscite des convoitises. Corrélativement, l'identité numérique se consomme, c'est-à-dire s'achète, se vend, se prête… et se vole. Elle doit donc disposer d'une protection légale.

En conclusion

Depuis l'avènement de l'Internet grand public, il y a dix ans, les juristes répètent à l'envie que le réseau des réseaux n'est pas une zone de non-droit. C'est même devenu une sorte de « tarte à la crème » que l'on ressort à chaque soubresaut de l'actualité, quand les médias s'étonnent que rien ne soit fait pour combattre les contrefaçons ou les atteintes manifestes à la vie privée.

S'il est vrai que le droit s'applique à Internet, on oublie trop souvent que les principes de base du système juridique européen et français sont bouleversés par ce nouveau moyen de communication, notamment en ce qui concerne l'identité. Dans le monde réel, il existe une identité socle encadrée par l'État et le droit. Dans le monde numérique, l'homme s'affranchit à la fois de la tradition et des obligations étatiques pour créer sa propre identité. Les identifiants numériques se multiplient, se consomment, se jettent, et ces nouvelles pratiques génèrent des problématiques juridiques nouvelles. Aussi un système d'identité numérique globale serait-il le bienvenu, pour peu qu'il respecte un certain nombre de valeurs.

En novembre 2004, Kim Cameron, architecte logiciel en charge des questions de l'identité chez Microsoft, a lancé une discussion sur son blog[1] sur le thème de l'identité numérique. De cette discussion publique sont nés sept principes que cet expert reconnu a appelés « les sept lois de l'identité numérique ».

Ces sept principes, qui sont à la base de systèmes d'identité numérique globaux en cours d'expérimentation, comme OpenID ou Windows CardSpace de Microsoft, peuvent se résumer comme suit[2] :

1. **Contrôle par l'utilisateur et consentement.** L'utilisateur doit pouvoir contrôler les informations qu'il divulgue.

2. **Divulgation minimale.** Un système d'identité numérique quel qu'il soit ne doit pas divulguer plus d'informations que nécessaire dans un contexte donné. Par exemple, on n'a pas besoin de décliner son identité pour boire dans un bar, sauf à prouver qu'on est majeur.

3. **Parties légitimes.** Le système d'identité doit être organisé de telle façon qu'il ne diffuse les informations qu'aux personnes ayant « un motif légitime » à les recevoir. Par exemple, au cours d'un paiement en ligne, la transaction ne devrait impliquer que l'acheteur, sa banque (seul fournisseur d'identité légitime à détenir les coordonnées bancaires) et le cybercommerçant (seul consommateur d'identité légitime à les lui demander). Les informations divulguées ne doivent circuler qu'entre ces trois parties.

4. **Identité dirigée.** Kim Cameron distingue les identifiants omnidirectionnels, visibles de tous (URL), et les identifiants unidirectionnels, « limités à une transaction précise et entre des parties connues ». Un système d'identité numérique doit proposer les deux types d'identifiants selon le contexte.

---

1. *http://www.identityblog.com.*
2. Kim Cameron, interview, *internetactu.net*, juin 2007.

5. **Pluralisme d'opérateurs et de technologies.** Il est inutile de préciser quel serait le danger de voir un seul opérateur et une seule technologie maîtriser toute l'identité numérique.

6. **Intégration humaine.** D'une certaine manière, Kim Cameron entend rappeler par ce principe qu'un système d'identité n'est pas seulement technique et organisationnel et qu'il doit être centré sur l'homme.

7. **Expérience cohérente.** L'identité numérique doit être pour l'utilisateur aussi cohérente que celle en vigueur dans le monde réel. De nombreux systèmes pêchent par leur extrême complexité.

Espérons que ces principes simples deviendront ceux du nouveau monde qui s'ouvre à nous, dont l'identité numérique constituera le pilier central.

Chapitre II

L'anonymat

Le 21 septembre 1998, le quotidien Libération *publiait un article intitulé « Les nouveaux athlètes du travail ». Interrogé par une journaliste, un dirigeant de la société française Ubisoft, l'un des principaux éditeurs mondiaux de jeux vidéo, y exposait sa vision de l'entreprise moderne : une communauté d'hommes et de femmes concentrés sur la seule réussite commerciale de la société, sans soucis pour leur temps de travail et leurs acquis sociaux.*

En réaction à cet article, un « groupe de salariés » d'Ubisoft lançait, le 15 décembre 1998, le site Internet Ubifree[1]. Le site fermera cent six jours plus tard, le 31 mars 1999. Entre-temps, il aura suscité beaucoup de commentaires et d'interrogations. L'idée maîtresse d'Ubifree était résumée dans le titre du message d'accueil : « Voici venu le temps du syndicat virtuel ».

Dans une lettre ouverte à leur président, le « groupe de salariés » réagissait à l'article de Libération *: « Ces propos sont scandaleux. Ils laissent croire à un état d'esprit unanime, celui d'une collectivité de jeunes imbéciles prêts à tout pour assurer la réussite commerciale de l'entreprise, obsédés par son expansion, n'éprouvant que du mépris envers leurs droits sociaux les plus élémentaires. Et c'est là une représentation fantaisiste, mensongère, une représentation insultante à l'égard des employés de votre société. Vous*

---

1. Le site est accessible à titre d'archive à l'adresse *http://membres.lycos.fr/ubifree/*.

23

ignorez, sans doute, qu'un grand nombre d'entre eux sont très insatisfaits de leurs conditions de travail. D'ailleurs comment pourriez-vous en être informé, puisque la précarité de la plupart des emplois rend impossible toute forme d'expression individuelle et qu'il en va de même à l'échelle collective de par l'absence de représentation du personnel ? Monsieur [X (le dirigeant d'Ubisoft)], ni aucun responsable, n'est censé parler au nom de tous. Or le personnel d'Ubisoft n'a aucun moyen de se faire entendre. Cette situation est inacceptable. »

L'article introductif se concluait ainsi : « Ce site accueillera la parole de tous, employés et responsables. Nous nous chargerons de sa mise à jour hebdomadaire et assurerons, bien entendu, l'anonymat des intervenants. » Depuis lors, l'auteur des premières pages du site Ubifree a mis fin à son anonymat : après deux ans passés au sein de la société Ubisoft, il a démissionné et s'exprime régulièrement en public sur cette initiative[1].

Communiquer de la sorte, c'est-à-dire de manière anonyme, est-il légal ? L'anonymat sur Internet a ses partisans et ses détracteurs, et les débats entre les uns et les autres sont souvent passionnés. Doit-on et peut-on lutter contre l'anonymat sur Internet ? Doit-on rendre l'anonymat illégal ou, au contraire, doit-on l'ériger en droit ? Quel est le statut juridique de l'anonymat aujourd'hui, si toutefois il en possède un ?

Problématiques de l'anonymat

L'anonymat soulève des questions difficiles, sur les plans à la fois moral, philosophique et juridique[2]. *Ces questions prennent un relief particulier dans la société de l'information, dans laquelle les internautes, usagers du téléphone mobile, détenteurs d'une carte bancaire ou d'une carte téléphonique et demain d'une carte à puce sans contact RFID sont continuellement tracés. L'anonymat apparaît dès lors comme un recours possible contre les abus du traçage. À l'inverse, l'anonymat peut être un masque*

---

1. Pierre MOUNIER, « Jérémie Lefebvre : un rebelle chez Ubisoft », *www.homo-numericus.net*.
2. Éric CAPRIOLI, *Anonymat et commerce électronique*, Actes des premières journées internationales du droit et du commerce électronique, octobre 2000.

derrière lequel développer toute une série d'actes portant atteinte aux droits de tiers (diffamation, injure) ou à l'ordre public.

Selon une première définition, agir de manière anonyme, c'est agir « sans laisser de trace[1] ». De ce point de vue, l'anonymat n'existe pas dans le monde numérique. La grande masse des utilisateurs des réseaux y laisse quantité de traces susceptibles d'être identifiantes. Par exemple, accéder à Internet, c'est obligatoirement disposer d'une adresse IP mise à disposition par un fournisseur d'accès. Cette adresse IP est enregistrée par les machines du réseau qui identifient de la sorte un titulaire, généralement un fournisseur d'accès, lequel sait lui-même à qui l'adresse IP a été attribuée. De même, téléphoner consiste le plus souvent à utiliser une ligne téléphonique qui identifie un abonné enregistré par un opérateur.

Selon une autre définition communément admise[2], l'anonymat consiste à « ne pas se déclarer l'auteur d'un fait, d'un écrit ». Dans le monde numérique, le recours à des pseudos ou à des adresses e-mail ne laissant apparaître aucune identité visible peuvent être les vecteurs d'une certaine anonymisation.

Notre propos n'est pas de nous livrer à une apologie de l'anonymat. Cependant, dans le contexte actuel de surveillance généralisée d'Internet, il faut reconnaître à l'anonymat la vertu de constituer une protection efficace pour l'individu et ses libertés. Rappelons toutefois que l'anonymat doit être utilisé dans les limites de la loi. L'anonymat est d'ailleurs tout relatif, puisqu'il peut être levé par les juges et les tribunaux, qui disposent de prérogatives fortes pour obtenir l'identification d'actes anonymes illégaux.

Les sept règles de l'anonymat sur Internet

Être anonyme n'est pas être dénué d'identité, mais refuser de divulguer son identité en la masquant. Pour y parvenir dans les réseaux numériques, il faut déployer quantité de ruses et d'efforts. Certains se cantonnent à n'utiliser que les accès publics à Internet (cybercafés, accès Wi-Fi publics, etc.). D'autres recourent à des machines distinctes, l'une réservée à un

---

1. Définition donnée par Thierry NABETH et Mireille HILDEBRANDT, « Inventory of Topics and Clusters », in *Furure of Identity in the Information Society, www.fidis.net*.
2. Définition du dictionnaire Larousse universel.

usage anonyme et nettoyée systématiquement après usage de tous cookies et historiques, l'autre d'usage courant.

Pour les utilisateurs de compétence moyenne, voici quelques règles simples permettant d'obtenir un anonymat relatif sur les réseaux numériques.

1. Ne jamais révéler son identité

Pour agir anonymement, il convient autant que possible de ne pas révéler ni agir sous son identité réelle. De nombreux services ne requièrent aucune identification préalable, ni même de signature visible.

Visiter un site Web, une page personnelle ou un blog ne requiert pas d'identification préalable auprès de l'éditeur du site. Il est même possible d'interagir avec un service sans fournir d'identification. D'une manière générale, c'est le cas du Web dit 2.0, qui consiste en la mise en commun d'informations issues de contributeurs le plus souvent anonymes. Chacun peut y apporter une contribution non signée, qui apparaît comme anonyme, et seule l'adresse IP du contributeur est enregistrée. Une kyrielle d'autres services, tels que forums de discussion ou blogs, invitent leurs visiteurs à déposer des contenus (vidéo, audio, commentaire) sans exiger d'identification préalable.

Certains services sur le Web exigent une identification préalable. Pour rester anonyme, l'utilisateur du service n'a d'autre choix que de déclarer une identité et des attributs qui ne sont pas réels. Pour savoir si une telle manipulation est licite, l'utilisateur doit vérifier les conditions d'utilisation du service qu'il s'engage à respecter. Celles de DailyMotion, par exemple, n'exigent pas la déclaration d'une identité réelle[1]. En revanche, celles du service concurrent You Tube stipulent que « lorsque vous créez votre compte, vous devez fournir des informations complètes et exactes[2] ». On peut constater que cette disposition manque de précision puisqu'une identité peut être « complète et exacte » sans être nécessairement réelle. Selon nous, dès lors qu'un utilisateur fournit des informations qui le caractérisent, comme un pseudo, il se conforme aux conditions d'utilisation de You Tube.

---

1. *http://www.dailymotion.com/legal/privacy* (novembre 2007).
2. *http://fr.youtube.com/t/terms* (novembre 2007).

Si les conditions d'utilisation d'un service mentionnent l'obligation de déclarer « des informations exactes *et réelles* » permettant à l'éditeur du site d'entrer en contact avec l'utilisateur, le fait de déclarer une autre identité que l'identité réelle autoriserait l'éditeur du site à suspendre le service à l'utilisateur. En outre, si une fausse déclaration devait engendrer un préjudice envers l'éditeur du service ou un tiers, l'utilisateur pourrait être poursuivi et redevable de dommages et intérêts. Dans les cas extrêmes, la déclaration d'une fausse identité peut être considérée comme une escroquerie et relever du droit pénal *(voir le chapitre IV)*.

2. Utiliser un pseudo

Pour cacher son identité réelle, il est possible de recourir à un pseudonyme, ou pseudo, sans rapport avec l'identité réelle de son titulaire. On parle dans ce cas de « pseudonymat ». Le pseudo permet d'interagir avec le réseau sans révéler son identité réelle. Il est très facile de créer un blog sous un pseudo et de s'y exprimer librement sans dévoiler son identité réelle. Le célèbre blog « Journal d'un avocat » est ainsi signé de Me Eolas[1], pseudonyme d'un avocat du barreau de Paris.

Précisons qu'un pseudonyme n'est pas toujours et automatiquement synonyme d'anonymat. Il n'est que de songer à l'emploi qu'en font les artistes. Il n'en reste pas moins que la pratique nouvelle du pseudo dans un but d'anonymat est désormais bien installée sur Internet.

3. Choisir un nom de domaine sans rapport avec son identité réelle

La plupart des noms de domaine Internet sont choisis librement. Les unités ou bureaux d'enregistrement de noms de domaine Internet diffusent des annuaires de ces noms de domaine.

Appelés « Whois », ces annuaires, le plus souvent librement accessibles en ligne, renseignent sur les noms des titulaires de noms de domaine Internet. En règle générale, les unités d'enregistrement imposent à ces titulaires de déclarer une identité réelle. Certaines de ces unités ne publient

---

1. *http://www.maitre-eolas.fr/.*

toutefois que partiellement l'identité déclarée par le titulaire d'un nom de domaine.

4. Recourir aux webmails

Les internautes peuvent utiliser des adresses e-mail sous forme de webmails. Les webmails sont des services d'adresses électroniques gratuites proposés par des sociétés telles que Yahoo !, Google Gmail ou Windows Live Mail (ex-Hotmail), pour ne citer que les plus emblématiques. Ils permettent à leurs usagers de gérer leur courrier à partir d'une interface Web. Les messages envoyés et reçus sont stockés sur les serveurs du fournisseur de service.

Le compte webmail nécessite un identifiant et un mot de passe choisis par le titulaire du compte. Pour bénéficier d'un tel compte, il suffit généralement de déclarer une identité quelconque, qui peut être un pseudo. Les conditions générales de service imposent souvent la déclaration d'une identité réelle, mais cette obligation contractuelle est peu respectée.

La sanction pour le défaut de déclaration réelle se limite à l'exclusion du service, sauf en cas de fraude. Yahoo ! France oblige l'internaute à accepter ses conditions générales de services avant de lui fournir une adresse webmail et un espace de stockage : « Vous vous engagez à i) fournir des informations vraies, exactes et complètes, et ii) les maintenir et les remettre à jour régulièrement. La fourniture de ces informations et leur maintien à jour de façon à permettre votre identification sont des conditions déterminantes de votre droit d'utiliser le Service[1]. »

On peut obtenir une adresse webmail en quelques minutes seulement. Il suffit de se connecter à la page d'accueil d'un de ces fournisseurs, de suivre les instructions, de sélectionner le bon service et de fournir des informations personnelles peu ou pas contrôlées. L'adresse e-mail ainsi que l'espace de stockage sont quasiment attribués en temps réel, et l'adresse est immédiatement opérationnelle.

---

1. Conditions d'utilisation des services Yahoo ! France (septembre 2007).

Lorsque les informations personnelles données par l'utilisateur sont inexactes, celui-ci peut considérer qu'il peut naviguer et interagir au moyen de cette adresse e-mail de manière anonyme.

5. Accéder à Internet à partir d'un accès public

Au premier trimestre de 2006, le Forum des droits sur l'Internet[1] évaluait à trois mille le nombre de points d'accès publics à Internet en France. Cybercafés, bibliothèques, jardins publics dans les grandes villes : les accès publics se multiplient, et c'est par millions que les internautes se connectent désormais à Internet par ce biais.

À la différence des accès individuels, réservés aux abonnés identifiés, les accès publics sont ouverts à tous, généralement sans identification préalable.

6. Utiliser un anonymiseur

Le moyen le plus sophistiqué pour obtenir l'anonymat est de passer par des sites dits « anonymiseurs ». Le but de ces sites est de faire échec au système d'identification par adresse IP. Il s'agit de permettre à l'internaute d'utiliser un serveur « mandataire » (*proxy* en anglais) afin de constituer un relais intermédiaire entre lui et le service Internet qu'il souhaite utiliser. Le service Internet destinataire reçoit les requêtes par le biais du serveur mandataire et ne dispose dès lors que de l'adresse IP de ce dernier.

Le site *anonymouse.org* fournit un service gratuit d'anonymisation de la navigation Web.

Les figures 2.1 à 2.3 illustrent l'utilisation d'un anonymiseur.

---

1. Association créée à l'initiative du gouvernement Jospin le 14 mars 2006 (*www.foruminternet.org*).

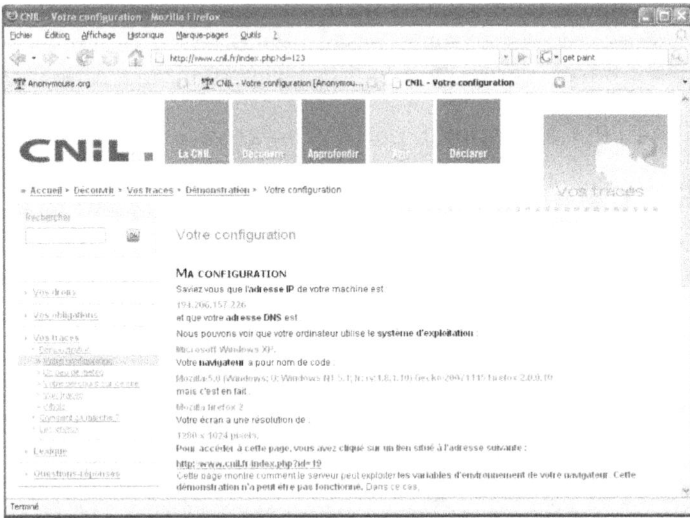

Figure 2.1 – Informations de traçabilité de l'adresse IP et de la configuration d'un ordinateur connecté au site de la CNIL (*www.cnil.fr*)

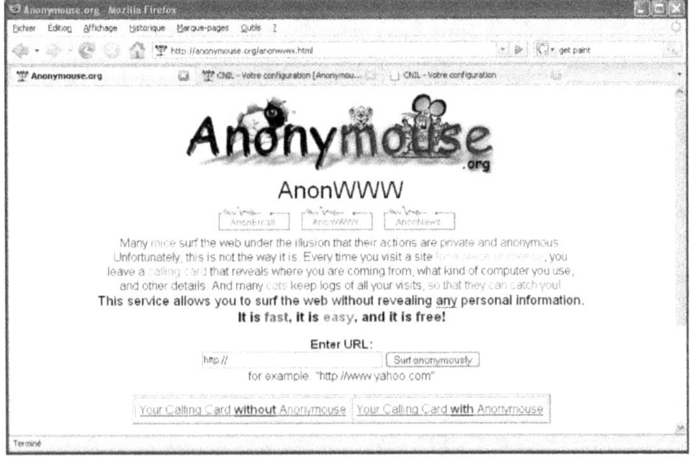

Figure 2.2 – Processus d'anonymisation du site anonymouse.org

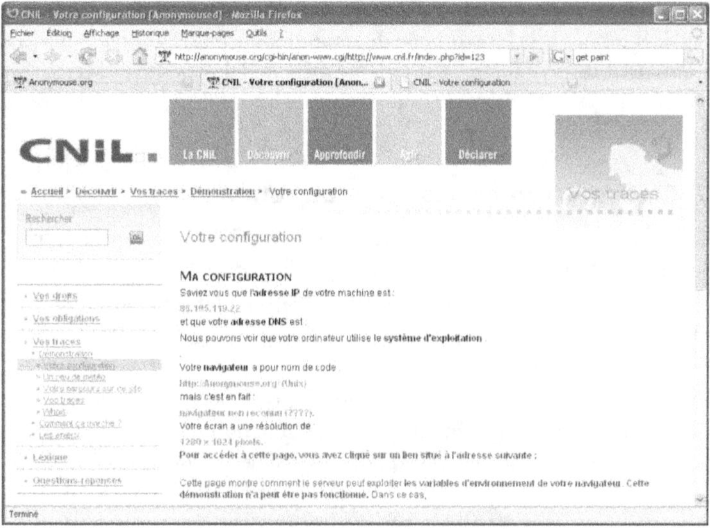

Figure 2.3 – Informations de traçabilité fournies par la CNIL
après anonymisation de la navigation

Des services commerciaux tels que anonymizer. com confèrent une anony-misation plus ou moins efficace. Si la plupart d'entre eux permettent à l'utilisateur de se présenter comme un internaute auquel est affectée l'adresse IP du proxy, certains d'entre eux véhiculent dans des en-têtes supplémentaires (notamment le champ HTTP_X_FORWARDED_FOR) des informations qu'ils relayent relatives à l'adresse IP réelle du deman-deur. Le chaînage de plusieurs de ces systèmes permet de renforcer l'anonymisation, un proxy étant chaîné à un ou plusieurs autres proxy.

D'autres services, appelés « remailers », permettent une anonymisation de l'envoi des e-mails en retirant de leurs en-têtes les informations permettant d'en identifier l'expéditeur.

Enfin, certains outils d'anonymisation en peer-to-peer, tels que TOR (The Onion Router), Freenet ou GNUnet, mettent en œuvre un routage anonymisé et chiffré. Seule l'adresse IP du dernier pair est révélée au destinataire final, les pairs intermédiaires se contentant de relayer les requêtes chiffrées, donc inintelligibles, au pair le plus proche, et ainsi de suite. Il est dès lors très difficile de remonter la chaîne des pairs jusqu'à l'initiateur de la requête. Le problème principal de ce type de service est sa lenteur, puisque la requête doit être relayée *n* fois avant d'arriver à bon port.

7. Chiffrer (crypter) les communications

Selon la définition donnée par l'article 29 de la LCEN[1], on appelle cryptologie toute technique matérielle ou logicielle permettant de transformer des données, qu'il s'agisse d'informations ou de signaux, à l'aide de conventions secrètes ou pour réaliser l'opération inverse, avec ou sans convention secrète.

Le fait de transformer une information claire au moyen de conventions secrètes (cryptographie symétrique) privées ou publiques (cryptographie asymétrique), afin de ne pas la rendre accessible au public et/ou pour en garantir l'authenticité, constitue un acte de cryptologie.

Pendant très longtemps, la cryptologie a été considérée comme une arme de guerre. Son statut a ensuite évolué, d'abord en 1990 puis en 1996, à l'occasion de différentes lois de libéralisation du secteur des télécommunications[2]. Le régime de la cryptologie est aujourd'hui quasi libéralisé.

Les e-mails envoyés en clair sur les réseaux sont susceptibles d'être interceptés. La cryptographie permet de réserver la lecture des e-mails aux seuls destinataires choisis par l'expéditeur. Il est recommandé de chiffrer (crypter) également les fichiers attachés aux e-mails.

Vers un droit à l'anonymat ?

Les partisans de l'anonymat dans les réseaux numériques souhaitent qu'il soit protégé par la loi ou, à tout le moins, qu'il ne soit pas interdit. Ils font valoir à ce titre plusieurs arguments.

---

1. Loi n° 2004-575 du 21 juin 2004, dite Loi pour la confiance dans l'économie numérique.
2. Loi n° 90-1170 du 29 décembre 1990 sur la réglementation des télécommunications et loi n° 96-659 du 26 juillet 1996 de réglementation des télécommunications.

D'abord, l'anonymat répond à la volonté déclarée des citoyens de ne pas laisser leurs données à caractère personnel en libre accès, au risque de les voir happées par de gigantesques bases de données, à commencer par celles des moteurs de recherche de type Google. Il est incontestable que nos données à caractère personnel sont devenues l'enjeu d'une marchandisation de grande ampleur. La face immergée de l'iceberg est le Spam, ou message non sollicité, ces centaines d'e-mails qui polluent nos boîtes à lettres électroniques.

La collecte d'adresses électroniques est le préalable nécessaire à ces agissements, laquelle collecte se fait le plus souvent de manière illicite, sans notre accord préalable. Laisser notre adresse e-mail sur un forum de discussion, signer une contribution sur un blog, acheter un nom de domaine et une ou plusieurs adresses e-mail associées nous font courir le risque de voir notre adresse aspirée et, par voie de conséquence, notre boîte à lettres électroniques déborder de messages non sollicités. L'anonymat est la meilleure défense contre de telles pratiques.

Ceux qu'on commence à appeler les « marchands de vie privée » peuvent toutefois se montrer plus subtils. Ils nous observent lorsque nous naviguons sur Internet. Les moyens qu'ils utilisent pour cela sont multiples. Ils vont du cookie[1] à des techniques permettant d'identifier la langue utilisée par le navigateur du visiteur, le pays à partir duquel celui-ci s'est connecté, voire l'adresse IP utilisée, les habitudes de connexion, d'achat, etc. Ces informations ont beau être partielles, puisque couplées à une identification, elles n'en ont pas moins une forte valeur marchande,

---

1. Voici la définition qu'en donne l'encyclopédie en ligne Wikipédia : « Les cookies sont de petits fichiers texte stockés par le navigateur Web sur le disque dur du visiteur d'un site Web qui servent (entre autres) à enregistrer des informations sur le visiteur ou sur son parcours dans le site. Le webmestre peut ainsi reconnaître les habitudes d'un visiteur et personnaliser la présentation de son site pour chaque visiteur ; les cookies permettent alors de garder en mémoire combien d'articles il faut afficher en page d'accueil ou encore de retenir les identifiants de connexion à une éventuelle partie privée : lorsque le visiteur revient sur le site, il ne lui est plus nécessaire de taper son nom et son mot de passe pour se faire reconnaître, puisqu'ils sont automatiquement envoyés par le cookie. »

car elles permettent d'établir un profil de consommation qui intéresse les professionnels du marketing[1]. Là encore, la seule solution pour lutter contre ces pratiques est l'anonymat, et c'est pourquoi il doit être préservé et protégé par la loi.

Un autre argument avancé par les défenseurs de l'anonymat sur Internet tient au syndrome *Big Brother*. Ce n'est plus le démarchage commercial non sollicité qui est en cause ici, mais la peur du contrôle. Pour contrôler une population entière, il faut d'abord identifier qui fait quoi et où. Cette volonté de contrôle est évidente dans les États non démocratiques. Mais même dans une démocratie, les citoyens peuvent faire l'objet de pressions ou d'intimidations.

Protégé par l'anonymat, un citoyen « anonyme » doit pouvoir exprimer sans crainte ses positions, tout en étant à l'abri de pressions, parfois même de poursuites judiciaires initiées dans le seul but de le faire taire. C'était l'argument avancé par le site Internet Ubifree pour justifier l'anonymat de ses contributeurs. S'ils avaient été identifiés, ceux-ci auraient pu encourir la sanction de leur employeur. L'association Reporters sans frontières[2] recommande ainsi expressément le recours à l'anonymat pour la mise en œuvre de blogs dans les pays où la liberté d'expression n'est pas garantie afin d'échapper à la censure et à la répression.

Certains vont plus loin et revendiquent pour l'anonymat le statut de droit constitutionnel. Aux États-Unis, un fort courant universitaire appelle à faire reconnaître le droit à l'anonymat par la Constitution[3], au même titre que la liberté de pensée et d'expression. Le professeur Lawrence Lessig, de la Harvard Law School de Boston, prétend quant à lui que la suppression de l'anonymat porterait atteinte aux principes d'égalité de

---

1. Arnaud BELLEIL, *E-Privacy, le marché des données personnelles : protection de la vie privée à l'âge d'Internet*, Dunod, 2001.
2. Reporters sans frontières, *Guide pratique du blogger et du cyberdissident*, 2004 (disponible en PDF sur le site de l'association, à l'adresse *www.rsf.org*).
3. Julie E. COHEN, « A Right to Read Anonymously : a Closer Look at Copyright Management in Cyberspace », *Connecticut Law Review,* n° 28, 1996.

la société. L'identification préalable des internautes amènerait les différents services du réseau à distinguer et même à discriminer entre ceux qui les intéressent, c'est-à-dire ceux à fort pouvoir d'achat, systématiquement favorisés, et les autres.

Quand les grandes marques jouent l'anonymat

Le marketing invisible, ou furtif (*stealth marketing*), est une nouvelle technique consistant, pour des agences de publicité, à s'introduire dans des forums, à créer des blogs, etc., pour le compte de marques, sans jamais révéler leur véritable dessein. Elles établissent ainsi une relation avec des internautes pour les pousser à l'achat sous couvert d'un discours bien évidemment favorable à la marque. « Nous n'essayons pas de censurer la critique, mais plutôt de la diluer dans un flot de buzz positif », a déclaré François Collet, responsable de l'agence Heaven, qui déclare être intervenu de cette manière pour la XBox de Microsoft[1].

Du côté des opposants à l'anonymat sur Internet, on invoque d'abord ses limites. Les boutiques en ligne, par exemple, en tant que commerce à distance, requièrent une identification préalable. Généraliser l'anonymat et l'ériger en droit serait, selon eux, condamner les achats sur Internet, alors qu'ils constituent l'un des principaux facteurs de diffusion de l'accès au réseau au plus grand nombre.

La criminalité et le terrorisme sont d'autres limites évidentes à l'anonymat. Pour les services de police et de justice, l'anonymat sur Internet et la volatilité des informations numériques sont des écueils majeurs.

Les détracteurs de l'anonymat dénoncent en outre la possibilité offerte ainsi aux internautes d'assouvir leurs fantasmes les plus sombres. La liberté qui leur est donnée étant sans limite, elle peut encourager et faciliter les comportements déviants, inciviques, voire délictueux ou criminels.

Enfin, l'anonymat est souvent associé par ses opposants à la délation et aux attaques personnelles, à la manière des « lettres anonymes », et rime avec irresponsabilité et lâcheté.

---

1. Yves EUDES, *Le Monde*, 1er février 2005, cité par Viviane MAHLER, *Souriez, vous êtes ciblés*, Albin Michel, 2007.

La position de la loi

Disons-le sans détour : l'anonymat sur les réseaux n'est pas hors la loi, à condition qu'il ne serve pas de support à des activités illicites. Par exemple, le délit d'escroquerie est défini par l'article 313-1 du Code pénal comme « le fait, soit par l'usage d'un faux nom ou d'une fausse qualité, soit par l'abus d'une qualité vraie, soit par l'emploi de manœuvres frauduleuses, de tromper une personne physique ou morale et de la déterminer ainsi, à son préjudice ou au préjudice d'un tiers, à remettre des fonds, des valeurs ou un bien quelconque, à fournir un service ou à consentir un acte opérant obligation ou décharge ». Le recours à l'anonymat peut soutenir de telles « manœuvres frauduleuses », caractérisant le délit d'escroquerie, si la recherche de l'anonymat visait intentionnellement à commettre un délit.

Cela dit, aucun texte de loi ne condamne par avance l'anonymat. Il n'existe pas non plus de texte de loi lui reconnaissant expressément une validité juridique. Ni condamné, ni reconnu, l'anonymat vit donc en droit dans une sorte de clandestinité. En l'absence de texte répressif, on pourrait certes estimer que l'anonymat est légal en droit français, mais, comme nous allons le voir, l'absence de reconnaissance explicite engendre des hésitations législatives fluctuant au gré des contextes et des époques.

On peut observer deux grands mouvements juridiques contradictoires. L'un considère l'anonymat comme le garant de la protection des libertés individuelles et du respect de la vie privée. Cet esprit se retrouve dans la loi informatique et libertés de 1978[1], dont l'article 28 prévoit que « toute personne physique a le droit de s'opposer, pour des motifs légitimes, à ce que des données à caractère personnel la concernant fassent l'objet d'un traitement ». La notion de « motifs légitimes » a été abondamment commentée[2] et analysée par les tribunaux. Tous

---

1. Loi n° 78-17 du 6 janvier 1978 relative à l'informatique, aux fichiers et aux libertés, modifiée par la loi n° 2004-801 du 6 août 2004 relative à la protection des personnes physiques à l'égard des traitements de données à caractère personnel.
2. André DE LAUBADÈRE, *Loi relative à l'informatique, aux fichiers et aux libertés*, AJDA, 1978 ; Xavier LINANT DE BELLEFONDS, Alain HOLLANDE, *Pratique du droit de l'informatique*, Delmas, 2002.

considèrent qu'elle s'apprécie au cas par cas mais peut parfaitement recouvrir la volonté d'une personne qu'on respecte sa vie privée.

Certaines législations spécifiques protègent expressément l'anonymat. Tel est le cas du Code de la propriété intellectuelle, qui prévoit le cas des œuvres anonymes. L'article L113-6 de ce code prévoit ainsi que c'est l'éditeur ou le producteur qui représente l'auteur anonyme, tant que celui-ci n'a pas déclaré son identité. Le code prévoit d'ailleurs dans ce cas une durée de protection spécifique de soixante-dix ans après première publication d'une œuvre et non de soixante-dix ans après la date de décès de l'auteur, laquelle n'est pas connue.

Le second mouvement législatif et jurisprudentiel opposé à l'anonymat a pris de l'ampleur dans la période récente grâce ou à cause d'Internet. Il s'est notamment signalé en France avec l'arrêt altern.org/Estelle H. du 10 février 1999[1]. Altern.org était un hébergeur gratuit qui avait pris le parti d'accepter des hébergements sans identifier ses clients. Mademoiselle Estelle H., à l'époque épouse bien connue d'un grand chanteur français, se plaignait que sept photos privées la représentant étaient hébergées par altern.org. Ce dernier n'était ni l'auteur des clichés, ni l'éditeur des pages.

La cour d'appel a pourtant retenu à son encontre « qu'en offrant, comme en l'espèce, d'héberger et en hébergeant de façon anonyme, sur le site altern.org qu'il a créé et qu'il gère, toute personne qui, sous quelque dénomination que ce soit, en fait la demande aux fins de mise à disposition du public ou de catégories de publics, de signes ou de signaux, d'écrits, d'images, de sons ou de messages de toute nature qui n'ont pas le caractère de correspondances privées, altern.org excède manifestement le rôle technique d'un simple transmetteur d'informations et doit, d'évidence, assumer à l'égard des tiers aux droits desquels il serait porté atteinte dans de telles circonstances, les conséquences d'une activité qu'il a, de propos délibérés, entrepris d'exercer dans les conditions susvisées ».

Altern.org a été condamné à près de 50 000 euros de dommages et intérêts (300 000 francs à titre principal), ce qui constituait un très lourd quantum

---

1. CA de Paris, arrêt du 10 février 1999, Estelle H./Valentin (*www.legalis.net*).

pour quelques photos privées et un hébergement gratuit. Il est évident que le recours à une prestation anonyme a fortement et négativement influencé la cour.

La volonté de lutter (sans le dire) contre l'anonymat se retrouve dans la législation européenne, qui impose l'obligation d'identification au commerçant électronique et au responsable de la publication d'une communication publique par voie électronique, autrement dit tout site Web, page personnelle ou blog.

Le statut du commerce électronique est encadré par une directive communautaire du 8 juin 2000[1], qui institue au sein du marché intérieur européen un cadre garantissant la sécurité juridique et la transparence du commerce électronique pour les entreprises ainsi que pour les consommateurs. En France, ces dispositions ont été transposées dans la LCEN le 21 juin 2004[2], qui définit le commerce électronique comme « l'activité économique par laquelle une personne propose ou assure à distance et par voie électronique la fourniture de biens ou de services ». L'article 19 de cette loi impose au cybercommerçant des obligations d'identification et de transparence et le place en situation d'illégalité s'il ne s'identifie pas selon les critères imposés. L'anonymat devient donc hors la loi dans ces cas précis.

Les mentions obligatoires d'identification sont la raison sociale ou les nom et prénoms des commerçants personnes physiques, leur lieu d'établissement, leur adresse de courrier électronique, ainsi que leurs coordonnées téléphoniques, leur numéro d'inscription au registre du commerce ou au registre des métiers, leur capital social, l'adresse de leur siège social, leur numéro de TVA intracommunautaire et enfin, le cas échéant, l'autorité à laquelle leur activité est soumise s'il s'agit d'une activité réglementée.

Malgré ces obligations légales, nombreux sont les commerçants sur Internet qui persistent à rester dans l'anonymat, soit par volonté, soit par

---

1. Directive 2000/31/CE du Parlement européen et du Conseil du 8 juin 2000 relative à certains aspects juridiques des services de la société de l'information, et notamment du commerce électronique, dans le marché intérieur.
2. Loi n° 2004-575 du 21 juin 2004, dite loi pour la confiance dans l'économie numérique (LCEN).

ignorance de la loi. Le rapport de la DGCCRF (Direction générale de la concurrence de la consommation et de la répression des fraudes) de 2006 fait un constat révélateur concernant ces mentions obligatoires[1]. Sur un total de 5 038 opérations de contrôle effectuées en 2006, la DGCCRF a constaté qu'un tiers des sociétés contrôlées se trouvaient en infraction pour certaines mentions obligatoires. Les secteurs les plus surveillés sont les loteries et concours, les sonneries téléphoniques et l'hôtellerie en ligne. Après contrôle, près de 90 % des entreprises se seraient mises en conformité avec la loi.

Selon ces mêmes dispositions, le commerçant sur Internet doit permettre un « accès facile, direct et permanent utilisant un standard ouvert[2] ». La mention « standard ouvert » a pour objet d'éviter que l'utilisateur soit contraint d'acquérir des logiciels spécifiques pour accéder à des informations obligatoires. *A priori*, un lien hypertexte sur la page d'accueil suffirait à satisfaire cette obligation[3].

D'autres dispositions légales destinées à lutter contre l'anonymat sont insérées dans la LCEN du 21 juin 2004. Elles ont trait au « droit de la presse » et concernent tous les sites Web, dont les responsables deviennent, au regard de la loi et par la seule mise à disposition du public des contenus de leur site, des directeurs de publication.

La loi distingue selon que l'éditeur du site est un professionnel ou non. Un éditeur est considéré comme professionnel dès lors que « son activité est d'éditer un service de communication au public en ligne ». S'agissant de l'éditeur non professionnel, la loi le soumet à des obligations de déclaration minorées. Fait remarquable et symptomatique, la loi reconnaît à cet éditeur non professionnel le droit de « préserver son anonymat », tout en le soumettant à des obligations de déclaration[4].

Le tableau 2.1 récapitule les obligations des uns et des autres en matière d'identification.

---

1. Bilan 2006 du réseau de surveillance Internet de la DGCCRF disponible à l'adresse *http://www.minefi.gouv.fr/directions_services/dgccrf.*
2. Art. 19 de la LCEN.
3. Christiane FÉRAL-SCHUHL, *Journal du Net*, 15 décembre 2004.
4. Art. 6, III, 2 de la LCEN.

Tableau 2.1 – Obligations d'identification des éditeurs de site Web

Situation juridique	Obligations de mise à disposition[a]
Éditeur personne physique professionnel (article 6.III.1a LCEN)	– Nom – Prénom – Domicile – Numéro de téléphone – Numéro d'inscription au RCS ou au registre des métiers – Noms des directeur, codirecteur de publication et responsable de la rédaction – Nom, dénomination ou raison sociale et numéro de téléphone de l'hébergeur
Éditeur personne morale professionnel (article 6.III.1b LCEN)	– Dénomination ou raison sociale – Siège social – Numéro de téléphone – Numéro d'inscription au RCS ou au registre des métiers – Capital social – Adresse – Noms des directeur, codirecteur de publication et responsable de la rédaction – Nom, dénomination ou raison sociale et numéro de téléphone de l'hébergeur
Éditeur non professionnel (article 6.III.2 LCEN)	Nom, dénomination ou raison sociale et adresse de l'hébergeur, sous réserve de lui avoir communiqué tous les éléments d'identification personnelle prévus ci-avant pour l'éditeur personne physique professionnel

a. Décret n° 2007-750 du 9 mai 2007, qui ajoute l'obligation de mettre en ligne le numéro Siren pour les entreprises.

L'indication de ces mentions obligatoires a pour objectif principal de permettre aux tiers d'exercer un droit de réponse ou de notifier la mise en ligne d'un contenu illicite.

Certains auteurs ont dénoncé la quasi-inexistence de sanctions en cas de non-respect des obligations d'identification[1]. En réalité, le manquement à ces obligations est puni d'une amende pouvant aller jusqu'à 750 euros par infraction constatée (contravention de 4e classe)[2]. De plus,

---

1. Cédric MANARA, « Mentions légales d'un site Web, gare aux contraventions », *Journal du Net*, 21 mai 2007.
2. Art. 131-13 du Code pénal et R.123-237 du Code du commerce.

et surtout, si cette obligation d'identification fait défaut et que cette absence crée un préjudice à une personne en particulier, tel que l'impossibilité de faire jouer un recours, la victime peut en obtenir réparation en justice.

Un anonymat bien tempéré

Au regard des textes et de la jurisprudence, l'anonymat sur les réseaux numériques doit être tempéré pour au moins deux motifs.

L'immense majorité des internautes souscrit un abonnement auprès d'un fournisseur d'accès, ou FAI, pour accéder au réseau. Il en va de même pour la téléphonie mobile. Les FAI et opérateurs ont l'obligation de se déclarer auprès de l'Arcep (Autorité de régulation des communications électroniques et des postes).

L'article L33-1 du CPCE (Code des postes et des communications électroniques) dispose que « l'établissement et l'exploitation des réseaux ouverts au public et la fourniture au public de services de communications électroniques sont libres sous réserve d'une déclaration préalable auprès de l'Autorité de régulation des communications électroniques et des postes ». Le même code prévoit que le défaut de déclaration est puni de peines maximales d'un an d'emprisonnement et de 75 000 euros d'amende.

Les opérateurs sont donc clairement recensés et identifiés. Ils sont liés à leurs clients par contrat, et les clients sont identifiés avec certitude, ne serait-ce que pour des questions de paiement. Un FAI attribue à chaque client des données techniques de connexion nominatives (ligne téléphonique, compte, etc.). À chaque connexion, les serveurs du FAI attribuent automatiquement au client une adresse IP parmi la plage d'adresses IP qui lui ont été attribuées. Avec cette adresse IP, le client signe chacune de ses interactions sur le réseau Internet. Comme on le voit, on est très loin de l'anonymat...

Le législateur a parfaitement compris cette dimension technique puisqu'il l'a intégrée à sa façon dans la loi. Prenant acte de l'impossibilité d'imposer, sauf à des personnes ayant à un moment donné un statut particulier sur Internet, l'identification préalable, il a imposé, dans des cas qui sont loin d'être définis avec précision, la collecte obligatoire des données techniques de connexion aux opérateurs[1] et à toute personne « dont l'activité est d'offrir un accès à des services de communication au public en ligne » et à celles qui « assurent, même à titre gratuit, pour mise à disposition du public par des services de communication au public en ligne », l'obligation de détenir et conserver « les données de nature à permettre l'identification de quiconque a contribué à la création du contenu ou de l'un des contenus des services dont elles sont prestataires »[2].

BNP Paribas a été condamnée par la cour d'appel de Paris[3] pour n'avoir pu produire de telles données de connexion en justice, les juges considérant que la banque donnait accès à Internet à ses salariés et était donc redevable de cette obligation. S'ils confirment cette jurisprudence, les tribunaux auront définitivement condamné l'anonymat sur les réseaux numériques, imposant à toutes les organisations, entreprises et administrations de surveiller et collecter les données de toutes personnes auxquelles elles donnent accès au réseau.

En conclusion

L'anonymat sur les réseaux numériques vit au moins trois paradoxes :

- Internet, le premier de ces réseaux, a été conçu pour préserver l'anonymat. C'est là une des explications de son succès. Pourtant, jamais citoyens, utilisateurs, consommateurs, salariés n'auront été autant traqués du fait des moyens que ce réseau procure en termes de traçabilité.

- À ce jour, l'anonymat est un moyen de défense efficace du citoyen contre la marchandisation et le contrôle de la vie privée. Pourtant, la loi, expression de l'intérêt général, sans rendre illégale la pratique de l'anonymat, la pourchasse en secret. Le législateur impose en effet aux opérateurs et à toutes les organisations donnant accès au réseau

---

1. Art. L34-1 du Code des postes et des communications électroniques et décret n° 2006-358 du 24 mars 2006 relatif à la conservation des données des communications électroniques.
2. Loi n° 2004-575 du 21 juin 2004 (LCEN).
3. CA de Paris, 4 février 2005, arrêt publié en intégralité sur le site du Forum des droits sur l'Internet *(www.foruminternet.org)*.

ou stockant des données de surveiller, tracer et conserver toutes les données d'identification. Compte tenu de cette obligation d'identification sous peine de sanctions pénales, les acteurs professionnels s'organisent pour tracer les flux. De ce fait, ils organisent la lutte contre l'anonymat.

- L'anonymat n'a pas de statut juridique. Cette situation crée une ambiguïté que l'on retrouve jusque dans la « Nétiquette », ces règles de bonne conduite sans valeur juridique, conçues à l'origine essentiellement pour les groupes de discussion ou newsgroup[1]. L'article 3.1.1 fixant les règles générales pour les listes de diffusion stipule que « les postages *via* des serveurs d'anonymat sont acceptés dans certains groupes de nouvelles et désapprouvés dans d'autres ». On ne saurait être moins précis…

Le droit français ne pourra se passer longtemps d'affirmer clairement sa doctrine sur la légalité ou non de l'anonymat. Cette question fondamentale gît au cœur de toutes les problématiques de la société de l'information (droit d'auteur, vie privée, etc.). Elle pourrait bien devenir demain le pivot de nos libertés individuelles et collectives.

Si le droit à l'anonymat n'est pas absent de la loi informatique et libertés, il n'est pas pour autant clairement affirmé. Pour notre part, nous militons pour que l'anonymat soit élevé au rang de droit constitutionnel, de droit de l'homme. Un tel droit devrait, par exemple, imposer l'anonymisation par défaut ou l'obligation pour les fournisseurs d'accès de conserver anonyme toute donnée collectée.

Le commerce n'a rien à craindre de cette évolution. Il devra simplement organiser un marché de l'identification pour rendre des services ou vendre des produits. Quant aux autorités publiques, elles ne devraient rien avoir à craindre non plus de cette situation. L'anonymat pourrait être levé dans des circonstances particulières et sous le contrôle d'un juge, seul capable de vérifier l'usage non abusif de toute demande tendant à lever un anonymat.

Finalement, le droit à l'anonymat n'est-il pas le meilleur atout pour que la confiance s'installe durablement dans les réseaux numériques ?

---

1. RFC 1855, « Netiquette Guidelines », traduite par Jean-Pierre Kuypers.

CHAPITRE III

Sur mes traces

World Press Online est une agence de presse présente dans de nombreux pays. Le 8 décembre 2003, deux de ses agents, représentant le groupe en Allemagne, Suisse et Autriche pour l'un et aux États-Unis pour l'autre, reçoivent un e-mail leur annonçant la fermeture prochaine de la société. L'information a de quoi surprendre. Elle est en fait erronée et a manifestement pour but de déstabiliser les relations de World Press Online avec ses agents.

L'adresse utilisée par l'émetteur de l'e-mail est distribuée par Yahoo ! et est de type pseudo@yahoo.fr. World Press Online obtient de Yahoo ! l'adresse IP du corbeau qui a créé le compte à partir duquel a été émis le message frauduleux. Cette adresse IP identifie l'ordinateur d'une banque, BNP Paribas. Pour retrouver le corbeau, il reste à World Press Online à trouver qui, à la BNP, a attribué cette adresse IP au jour et heure dits, probablement l'un de ses salariés.

Interrogée par lettre recommandée avec accusé de réception le 20 février 2004 puis par une sommation délivrée par huissier de justice le 24 juin 2004, BNP Paribas ne répond pas. World Press Online décide de saisir en procédure d'urgence (référé) le tribunal de commerce de Paris.

Le 12 octobre 2004, ce dernier fait droit à la requête et ordonne à la BNP « de répondre à la société World Press Online sous astreinte de 200 euros par jour de retard pendant trente jours passé un délai de huit jours après la signification de l'ordonnance [...] en particulier de communiquer l'identité et plus généralement toute information de nature à permettre l'identification de l'expéditeur du message électronique du 8 décembre 2003 ».

En exécution de cette ordonnance, BNP Paribas adresse, le 2 novembre 2004, à World Press Online un courrier dans lequel elle indique ne pas être en mesure de dire à qui elle a attribué en interne l'adresse IP relevée par Yahoo ! « dans la mesure où l'adresse IP [xxx] correspond à une machine qui concentre tous les flux de la navigation entre les postes du groupe BNP en France et pour partie à l'étranger ». BNP Paribas n'est donc pas en mesure d'aider World Press Online à identifier l'auteur du message en litige.

La question posée à la justice, et à laquelle la cour d'appel de Paris répondra, est d'une portée qui dépasse le cadre de ce litige : BNP Paribas a-t-elle l'obligation de détenir cette information et de la communiquer à World Press Online ? Si la réponse est positive, cela signifie que la BNP se doit de tracer tous les flux sortant de ses machines qui échangent en interne et avec l'extérieur.

L'arrêt de la cour d'appel de Paris du 4 février 2005[1] affirme : « La société BNP Paribas est tenue, en application de l'article 43-9 de ladite loi [loi du 1er août 2000], de détenir et conserver les données de nature à permettre l'identification de toute personne ayant contribué à la création d'un contenu des services dont elle est prestataire et, d'autre part, à communiquer ces données sur réquisitions judiciaires. »

Cet arrêt provoque aussitôt de vives réactions. « Nous sommes tous des FAI », titre le blog « ouvaton », reprochant à la cour d'avoir assimilé BNP Paribas à un fournisseur d'accès Internet. Le Forum des droits sur l'Internet diffuse un communiqué dont le titre résume parfaitement la situation : « Accès tu donneras, données tu conserveras. » Pourtant, la cour d'appel n'a fait dans ce cas qu'appliquer la loi.

La traçabilité est obligatoire, ont affirmé les juges. Sommes-nous dès lors entrés dans une société de surveillance sans en avoir une réelle conscience ? Le président de la CNIL le reconnaîtra lui-même dans le rapport annuel de

---

1. Arrêt publié en intégralité sur le site du Forum des droits sur l'Internet *(www.foruminternet.org)*.

cette institution au titre de l'année 2006[1]. Le fait est que les moyens de communication électronique actuels, Internet et services mobiles en tête, et de demain, avec la RFID et les nanotechnologies, organisent une surveillance des populations de plus en plus invisible.

Obligations légales de conserver les traces

Deux textes de loi différents imposent la conservation des traces, communément appelées *données techniques de connexion*. Nous allons voir tout à la fois que les justifications apportées à ces obligations de « traçage » sont différentes selon les textes, que les populations concernées sont beaucoup plus diverses qu'on ne le croit et que les obligations en question concernent bien plus que de simples données de connexion. La loi prévoit dans tous les cas des sanctions pénales (peines d'emprisonnement et amendes) pour les contrevenants.

La première de ces obligations figure à l'article L34-1 du Code des postes et des communications électroniques (CPCE), l'ancien Code des postes et télécoms : « pour les besoins de la recherche, de la constatation et de la poursuite des infractions pénales, et dans le seul but de permettre, en tant que de besoin, la mise à disposition de l'autorité judiciaire d'informations », les opérateurs de communications se voient imposer de conserver « certaines catégories de données techniques ».

La population concernée est parfaitement identifiée : il s'agit des opérateurs de communications électroniques, c'est-à-dire les anciens opérateurs de télécommunications (Orange France Télécom, SFR, Neuf Cegetel, Tele2, etc.) et les fournisseurs d'accès Internet. Ces acteurs disposent d'un statut. Ils ont l'obligation de se déclarer auprès de l'Autorité de régulation des communications électroniques et des postes (Arcep), qui tient à jour la liste des opérateurs sur son site Web[2], et payent à cette dernière des taxes administratives en fonction de leur chiffre d'affaires. En particulier, ils contribuent financièrement au service universel (droit au téléphone,

---

1. 27e rapport d'activité (2006) de la CNIL « Alerte à la société de surveillance », questions à Alex Türk, président de la CNIL, p. 11.
2. *www.arcep.fr.*

cabines publiques téléphoniques, etc.), toujours géré par Orange France Télécom à ce jour.

Bien que les opérateurs soient parfaitement identifiés et encadrés par la loi, l'article L34-1 du CPCE ne précise ni la durée ni la nature exacte des données techniques qu'ils doivent conserver. Ces précisions ont été apportées par un décret du 24 mars 2006[1] pris en application de l'article L34-1 du CPCE : la durée de conservation des données techniques est fixée à un an à compter du jour de leur enregistrement. Au-delà, l'opérateur a l'obligation de les détruire. Le décret définit aussi les types de données concernées par la conservation, mais il est rédigé d'une telle façon que toutes les informations détenues par les opérateurs sont visées, y compris les données purement administratives *(voir tableau 3.1)*.

Tableau 3.1 – Données de communications électroniques à conserver obligatoirement par les opérateurs (décret n° 2006-358 du 24 mars 2006)

a) Les informations permettant d'identifier l'utilisateur.
b) Les données relatives aux équipements terminaux de communication utilisés.
c) Les caractéristiques techniques ainsi que la date, l'horaire et la durée de chaque communication.
d) Les données relatives aux services complémentaires demandés ou utilisés et leurs fournisseurs.
e) Les données permettant d'identifier le ou les destinataires de la communication.
f) Pour la téléphonie seulement, en plus des données listées précédemment, celles permettant d'identifier l'origine et la localisation de la communication.

La lecture des données énumérées par le décret comme techniques a de quoi étonner. Dans la catégorie des « informations permettant d'identifier l'utilisateur », il semble que de simples données administratives, comme les données sollicitées par l'opérateur pour l'ouverture d'une ligne (nom, prénom, adresse), soient considérées comme des données techniques de connexion. En réalité, le décret oblige l'opérateur à conserver toutes les

---

1. Décret n° 2006-358 relatif à la conservation des données des communications électroniques.

données en possession desquelles il se trouve et, surtout, à les produire sur demande : un juge d'instruction, le parquet ou un simple plaignant quel qu'il soit, autorisé en justice au vu d'une simple requête, peuvent obtenir en toute légalité ces informations d'un opérateur.

Le décret dispose que les opérateurs sont dédommagés par l'État lorsqu'ils sont requis par une autorité judiciaire pour fournir des données conservées. Enfin, l'article L30-3 du CPCE prévoit une peine d'emprisonnement maximale d'un an et une amende maximale de 75 000 euros pour les opérateurs qui ne respecteraient pas la conservation des données techniques de connexion dans les conditions légales.

Un second texte de loi, d'une nature et d'une justification nettement différents du premier, impose la conservation des données. Selon l'article 6, II, de la loi du 21 juin 2004 (LCEN)[1], les personnes « dont l'activité est d'offrir un accès à des services de communication au public en ligne » et celles qui « assurent, même à titre gratuit, pour mise à disposition du public des services de communication au public en ligne » ont l'obligation de détenir et conserver « les données de nature à permettre l'identification de quiconque a contribué à la création du contenu ou de l'un des contenus des services dont elles sont prestataires ».

Dans ce texte, le fondement de la conservation des données est tout autre que la lutte contre la délinquance pénale. Il s'agit en réalité de limiter les atteintes aux droits de tiers diffamés ou injuriés en public sur les réseaux. Le texte prévoit des sanctions pénales d'un an d'emprisonnement et de 75 000 euros d'amende[2] et précise qu'un décret du Conseil d'État après avis de la CNIL viendra définir les données concernées, ainsi que leur durée et les modalités de leur conservation. À ce jour, aucun décret n'a été publié. Pour ajouter à la confusion, le texte qualifie ces données « d'éléments d'information », faisant douter de leur caractère technique.

Par rapport aux dispositions du Code des postes et des communications électroniques, deux termes importants font défaut dans ce texte : « opérateurs » et « données techniques ». Autrement dit qui est concerné par

---

1. Loi n° 2004-575 du 21 juin 2004 (LCEN).
2. Article 6, VI, de la LCEN.

l'obligation de conserver quoi ? C'est ce texte qui a été appliqué par la cour d'appel de Paris dans le cas rapporté en début de chapitre et qui a abouti à la condamnation de BNP Paribas[1]. À la différence des dispositions du CPCE, on se trouve dans une réglementation à la fonction et non par rapport à un statut prédéterminé. En d'autres termes, toute personne qui endosse la fonction de fournisseur d'accès Internet ou de fournisseur d'hébergement est tenu par l'obligation de conservation. Et ce, même si, sur un plan technique, elle n'assure aucune de ces deux fonctions. Dans de telles conditions, une entreprise vis-à-vis de ses salariés, un établissement scolaire vis-à-vis de ses élèves ou des parents vis-à-vis de leurs enfants peuvent être considérés comme des « fournisseurs d'accès » ou des « hébergeurs » et se trouver débiteurs de l'obligation pénalement sanctionnée en cas de violation.

On peut s'étonner d'une telle acception, mais elle correspond à l'état d'esprit du législateur des années 2000, désemparé face à un outil dont il a le sentiment qu'il lui échappe.

Puces RFID et géolocalisation

Les puces RFID font une percée inattendue dans le grand public : dans un grand magasin de Villeneuve-d'Ascq, dans le Nord, trois mille personnes se sont inscrites à un système de paiement par bracelet électronique ; dans une boîte de nuit de Barcelone, le statut de VIP a été accordé aux fêtards qui acceptent de se laisser implanter sous la peau une puce de crédit de 1 000 euros pour payer leurs consommations. En France, la carte Navigo de la SNCF et de la RATP est la première application grand public de la géolocalisation[2].

La CNIL a lancé en 2005 une consultation sur la géolocalisation en entreprise pour localiser transporteurs, commerciaux, etc. La géolocalisation des objets utilisés par les salariés, et donc indirectement des salariés eux-mêmes, nécessite des formalités légales préalables : information des salariés (affichage, notes de services) et consultation des organismes représentatifs du personnel. Il ne s'agit pas pour l'entreprise de recueillir un accord mais d'informer les salariés et leurs représentants de la prise de connaissance éventuelle de l'employeur de données les concernant.

---

1. Dans cette affaire, la cour n'a pas fait application de la LCEN mais d'une loi qui lui est antérieure reprise par la LCEN : la loi n° 2000-719 du 1er août 2000 modifiant la loi n° 86-1067 du 30 septembre 1986 relative à la liberté de communication.
2. V. MAHLER, *Souriez, vous êtes ciblés, op. cit.*

De manière générale, l'entreprise qui envisage de recourir à la géolocalisation doit le justifier. Le contrôle opéré par ce moyen peut être jugé disproportionné et donc illégal par un tribunal. En outre, si les données issues de la géolocalisation font l'objet d'une collecte, d'un enregistrement ou d'un traitement, l'employeur doit satisfaire aux obligations prescrites par la loi informatique et libertés.

Cybersurveillance sur le lieu de travail

Les employeurs ont depuis longtemps manifesté la volonté de surveiller l'usage par les salariés des moyens mis à leur disposition. La loi reconnaît d'ailleurs cette surveillance licite, par principe, dans le cadre du pouvoir de direction de l'employeur. Les technologies de l'information des années 2000 vont cependant donner un nouvel essor à cette surveillance, appelée cybersurveillance car elle se concentre sur les technologies et services Internet (Web et e-mail).

Les employeurs justifient la cybersurveillance par le risque juridique nouveau créé par l'utilisation d'Internet sur le lieu de travail. On parle de lutte contre la fraude interne, Internet n'étant qu'un des moyens de cette fraude. Il est vrai que l'avènement d'Internet dans les entreprises a signifié l'ouverture de leur système d'information sur l'extérieur. Les deux services les plus populaires d'Internet, le Web et l'e-mail, sont massivement utilisés sur le lieu de travail pour des besoins professionnels mais aussi personnels. Les flux entrants, fichiers téléchargés, e-mails avec fichiers attachés notamment se sont multipliés. Certains de ces flux peuvent poser problème sur le plan légal et engager la responsabilité juridique de l'employeur lorsqu'il s'agit d'images pédophiles téléchargées ou de musiques ou vidéos piratées, par exemple. Dans ces conditions, la surveillance des flux entrant et sortant paraît légitime.

Cependant, certains estiment que cette justification de lutte contre la fraude interne n'est que prétexte et qu'il s'agit en réalité, de contrôler la productivité des salariés au travail, voire de surveiller leur loyauté vis-à-vis de l'entreprise.

Le droit français se montre soucieux que les libertés fondamentales reconnues à tout citoyen le soient également en entreprise. Par exemple, les plus hautes juridictions ont réaffirmé depuis longtemps que l'ouverture des armoires personnelles en l'absence des employés et sans information préalable était abusive[1]. De même, la fouille des salariés est étroitement réglementée, exigeant des circonstances particulières, telles que le vol, la présence de tiers et le consentement desdits salariés[2].

Par principe, la cybersurveillance est autorisée par la loi à l'intérieur de trois limites explicites, qui sont la transparence, la discussion collective et le principe de proportionnalité :

- **Transparence.** L'article L121-8 du Code du travail impose qu'« aucune information concernant personnellement un salarié ou un candidat à un emploi ne peut être collectée par un dispositif qui n'a pas été porté préalablement à la connaissance du salarié ou du candidat à l'emploi ». Les salariés doivent donc être informés de l'existence du contrôle et des techniques utilisées. Cette information peut se faire par voie d'affichage ou de note de service.

- **Discussion collective.** L'article L432-2-1 alinéa 3 du Code du travail dispose que le comité d'entreprise doit être « informé et consulté, préalablement à la décision de mise en œuvre dans l'entreprise, sur les moyens ou les techniques permettant un contrôle de l'activité des salariés ». Il n'est aucunement question d'obtenir l'accord des représentants du personnel, mais simplement de recueillir leur avis.

- **Principe de proportionnalité.** L'article L120-2 du Code du travail pose le principe que « nul ne peut apporter aux droits des personnes et des libertés individuelles ou collectives des restrictions qui ne seraient pas justifiées par la nature de la tâche à accomplir ni proportionnées au but recherché ». Pour prendre un exemple grossier, s'il s'agit de contrôler un usage professionnel des moyens mis à disposition du salarié, le respect de la proportionnalité commande qu'il n'y ait pas d'écoute des conversations téléphoniques aucunement utile au regard du but recherché.

Ajoutons que l'article L122-43 du Code du travail impose que toute sanction prononcée par un employeur soit proportionnée à la faute commise et que les dispositions de l'article 9 du Code civil sur le respect de la vie privée s'appliquent également au salarié.

---

1. Conseil d'État, décret D1990, 12 juin 1987, p. 134.
2. Cass., chambre criminelle, 12 décembre 1987, droit ouvrier, 1989, p. 18.

La cybersurveillance ne peut concerner que les documents de travail du salarié et les volumes échangés à partir ou à destination de sa machine. En tout état de cause, il existe un sanctuaire que l'employeur ne peut atteindre qu'avec précaution : la boîte à lettres électronique et les correspondances qu'elle renferme, qui sont toutes protégées par la loi.

Le viol de correspondance privée, c'est-à-dire la prise de connaissance des courriers, qu'ils soient sur papier ou sous forme électronique, est sanctionné par la loi pénale. Tout employeur qui s'aventure à prendre connaissance de ces correspondances à l'insu du salarié est passible de poursuites pénales. L'article 226-15 du Code pénal punit « le fait, commis de mauvaise foi, d'ouvrir, de supprimer, de retarder ou de détourner des correspondances arrivées ou non à destination et adressées à des tiers, ou d'en prendre frauduleusement connaissance » ainsi que « le fait, commis de mauvaise foi, d'intercepter, de détourner, d'utiliser ou de divulguer des correspondances émises, transmises ou reçues par la voie des télécommunications ou de procéder à l'installation d'appareils conçus pour réaliser de telles interceptions ». Dans les deux cas, les sanctions maximales sont lourdes : un an d'emprisonnement et 45 000 euros d'amende[1].

Seules deux hypothèses nous semblent pouvoir autoriser l'employeur à accéder à la boîte aux lettres (bal) et aux e-mails d'un salarié :

- Soit il opère l'investigation sous le contrôle judiciaire. Dans un premier temps, il aura éventuellement procédé, sur ordonnance d'un juge, à la copie du disque dur de l'ordinateur du salarié. Cette copie aura été faite par huissier, éventuellement sous contrôle d'un expert indépendant. Dans un second temps, toujours sur autorisation judiciaire, il pourra procéder à l'ouverture de la bal et des e-mails.

- Soit il a l'autorisation du salarié lui-même. Il conviendra de manier ce cas avec précaution, le salarié pouvant toujours se rétracter par la

---

1. Pour les personnes dépositaires de l'autorité publique ou chargées d'une mission de service public, il y a lieu de faire appliquer l'article 432-9 du Code pénal, qui punit le fait d'« ordonner, de commettre ou de faciliter hors les cas prévus par la loi, l'interception ou le détournement des correspondances émises, transmises ou reçues par la voie des télécommunications, l'utilisation ou la divulgation de leur contenu ».

suite et faire valoir des coercitions qui auraient déterminé un consentement non éclairé.

- En dehors de ces hypothèses, il nous semble que toute initiative de l'employeur court le risque, et seulement le risque, de l'illicéité, car la jurisprudence n'est pas bien fixée dans ce domaine.

Par deux arrêts rendus le 18 octobre 2006, la Cour de cassation a jeté le trouble. Dans la première affaire[1], un salarié avait été licencié pour faute grave pour avoir chiffré son poste de travail à l'insu de son employeur, interdisant du même coup à ce dernier l'accès à ce poste. La Cour de cassation en a profité pour édicter une présomption de professionnalité aux contenus des postes de travail en entreprise :

> « Les dossiers et fichiers créés par un salarié grâce à l'outil informatique mis à sa disposition par son employeur pour l'exécution de son travail sont présumés, sauf si le salarié les identifie comme étant personnels, avoir un caractère professionnel de sorte que l'employeur peut y avoir accès hors sa présence ; […] la cour d'appel, qui a constaté que M. [X] avait procédé volontairement au cryptage de son poste informatique, sans autorisation de la société, faisant ainsi obstacle à la consultation, a pu décider, sans encourir les griefs du moyen, que le comportement du salarié, qui avait déjà fait l'objet d'une mise en garde au sujet des manipulations sur son ordinateur, rendait impossible le maintien des relations contractuelles pendant la durée du préavis et constituait une faute grave. »

Dans une seconde affaire, les mêmes juges ont considéré que « les documents détenus par le salarié dans le bureau de l'entreprise mis à sa disposition sont, sauf lorsqu'il les identifie comme étant personnels, présumés avoir un caractère professionnel, en sorte que l'employeur peut y avoir accès hors sa présence ».

Aucune de ces affaires ne concerne le courrier électronique à proprement parler, mais certains commentateurs n'ont pas hésité à considérer que, par extension, la règle posée s'y appliquait[2]. Ainsi, sauf à ce que le salarié ou un de ses expéditeurs ait clairement indiqué dans le sujet de

---

1. Cass., chambre sociale, 18 octobre 2006, Jérémy L. F./Techni-Soft, *www.legalis.net.*
2. Éric BARBRY, Vincent DUFIEF, « Cybersurveillance des salariés : la Cour de cassation simplifie le débat », *www.journaldunet.com.*

l'e-mail ou par toute autre signalétique qu'il était « personnel », tout e-mail appartiendrait à l'entreprise, et celle-ci pourrait y accéder sans l'accord du salarié.

À l'heure où sont écrites ces lignes, nous ne pouvons affirmer que cette jurisprudence est retenue de manière définitive. Il nous semble cependant que le bon équilibre entre droit de contrôle de l'employeur et libertés individuelles du salarié commande effectivement que l'employeur puisse accéder à la boîte à lettre électronique de son salarié dans des cas précis (absence ou disparition subite du salarié, par exemple) dans le but d'assurer la continuité du service.

Dans le même temps, il nous paraît évident que l'employeur ne doit aucunement prendre connaissance de courriers que le salarié a pris la peine de marquer comme « personnels ». Une bonne solution consisterait à rappeler ces règles dans les documents normatifs qui régissent la relation entre l'employeur et le salarié. Soit ces règles seront rappelées dans le contrat de travail, soit elles le seront dans la charte d'usage de l'entreprise.

Nous recommandons également que l'employeur précise que si, par erreur, il prend connaissance de courriers électroniques personnels d'un salarié, il s'engage, d'une part, à n'en conserver aucune copie et, d'autre part, à ne les exploiter d'aucune façon dans sa relation avec le salarié (par exemple, dans le cadre d'un licenciement). De cette façon, l'équilibre recherché nous semble atteint.

Le tableau 3.2 récapitule ce qui peut être tracé par la cybersurveillance.

Tableau 3.2 – Légalité des contrôles dans le cadre de la cybersurveillance

Type de contrôle	Légalité
Accès au nombre de messages échangés	Oui
Accès aux intitulés des messages	Oui
Taille des messages	Oui
Nature des pièces jointes	Oui
Contenus des messages	Non mais/oui mais
Logiciel de filtrage des URL	Oui
Logiciel anti-spam ouvrant les e-mails	Non[a]

a. Dans ce cas, les entreprises offrent souvent un logiciel anti-spam en option à leurs salariés. S'ils acceptent le logiciel, les salariés sont, d'une part, informés du fonctionnement du logiciel, et, d'autre part et corrélativement, invités à donner leur autorisation à l'ouverture automatique de leurs e-mails par ce logiciel.

La question de la cybersurveillance et du contour de sa licéité est importante, non seulement au plan des principes, mais également sur un plan pratique. Il est peu probable que l'employeur soit condamné à un an de prison ferme pour simplement accéder à quelques e-mails personnels.

En revanche, c'est souvent à l'occasion d'un litige avec le salarié, notamment en cas de licenciement contesté, que la question du respect de la correspondance privée se pose. Dans ce cas, l'employeur ne peut fonder le licenciement sur un courrier électronique dont il aurait pris connaissance de façon illicite. Tout élément de preuve qu'il aurait collecté à cette occasion serait jugé illicite et rejeté par les tribunaux.

Écoutes sur la ligne

Un dispositif juridique, connu sous le nom d'interceptions, prévoit la possibilité de captation de contenus. Du temps du monopole de France Télécom, ce dispositif était appelé « écoutes ».

Ces interceptions sont de deux types : soit elles sont autorisées par l'autorité judiciaire, le juge des libertés à la requête du procureur de la République pour le flagrant délit[1] ou le juge d'instruction[2] dans le cadre d'une instruction judiciaire en cours au titre d'une infraction punie d'une peine minimale de deux ans d'emprisonnement ; soit elles relèvent des interceptions dites de sécurité.

Dans le premier cas, c'est le juge qui contrôle la régularité des interceptions et les encadre, notamment dans le temps. Les enregistrements sont mis sous scellés et peuvent être retranscrits, l'ensemble étant consultable par toute personne ayant accès au dossier d'instruction, notamment la personne mise en examen et son avocat.

Dans le second cas, les interceptions sont hors de contrôle de l'autorité judiciaire et sont encadrées par une loi de 1991[3]. Elles sont autorisées « à titre exceptionnel » par le Premier ministre. La loi limite le recours à

---

1. Art. 74-2 du Code de procédure pénale.
2. Art. 100 du Code de procédure pénale.
3. Loi n° 91-646 du 10 juillet 1991 relative au secret des correspondances émises par la voie des télécommunications.

ces écoutes à quatre cas. Il s'agit de la recherche de renseignements intéressant la sécurité nationale (espionnage d'État), la sauvegarde des éléments essentiels du potentiel scientifique et économique de la France (espionnage industriel), la prévention du terrorisme et enfin la criminalité et la délinquance organisées. Si le Premier ministre ordonne des écoutes, il doit le faire par écrit et motiver sa décision en la rattachant à l'une de ces quatre catégories.

L'autorisation a une durée maximale de quatre mois, mais la loi ne prévoit pas de limites à son renouvellement. Les enregistrements opérés dans le cadre des écoutes ont une durée de vie limitée à dix jours après qu'ils ont été réalisés. Cela signifie en pratique que ces enregistrements doivent être retranscrits par écrit, cet écrit pouvant être conservé tant qu'il est « indispensable ».

À l'origine, la loi ne prévoyait aucun mécanisme de contrôle de ces interceptions d'un genre spécial. Cette anomalie pour une démocratie a été réparée par une loi de décembre 1992 instituant une autorité administrative indépendante, la Commission nationale de contrôle des interceptions de sécurité. Tout citoyen peut interroger cette commission basée à Paris par lettre recommandée avec accusé de réception pour savoir si des écoutes de sécurité ont été opérées à son propos. La commission réalise alors un contrôle pour savoir si les écoutes existent et si les conditions prévues ont été respectées et elle informe le citoyen qu'elle a opéré ce contrôle. Pour autant, le citoyen ne peut savoir s'il a fait l'objet d'interceptions ni pourquoi, quand et avec quel résultat.

Ce dispositif ne serait pas complet si la loi n'impliquait pas les opérateurs de télécommunications, appelés aujourd'hui opérateurs de communications électroniques. Comme nous l'avons vu, ceux-ci sont tenus en premier lieu de fournir aux autorités publiques toutes informations sur leurs abonnés. S'ils ne le font pas, ils encourent une peine de six mois d'emprisonnement et une amende maximale de 7 500 euros. Mais ce n'est pas tout : l'État impose aux opérateurs de mettre en place, à leurs frais, « les moyens nécessaires à l'application de la loi n° 91-646 du 10 juillet 1991 relative au secret des correspondances émises par la voie des communications électroniques par les autorités habilitées en vertu de ladite loi[1] ». Les opérateurs doivent donc disposer de matériels et logiciels permettant ces interceptions, lesquelles sont de surcroît réalisées à leurs frais.

Ainsi, on le sait trop peu, tout un dispositif légal et réglementaire est-il en place pour réaliser des écoutes *via* tout type de communications électroniques, y compris la téléphonie sur IP. Les autorités ne font d'ailleurs pas mystère que ces écoutes sont de plus en plus nombreuses[2].

En conclusion

L'obligation de traçage mise en place par la loi a de quoi inquiéter. Elle est devenue l'une des premières causes de défiance vis-à-vis du réseau citées par les utilisateurs.

Dans les entreprises comme hors d'elles, l'obligation de tracer et de conserver les données concerne de plus en plus d'acteurs, et pas seulement les opérateurs de communications électroniques, dont les FAI.

La généralisation du traçage traduit le malaise des autorités publiques et judiciaires face à Internet et son apparent anonymat. Le législateur semble compenser par des obligations légales ce que la technique ne peut lui offrir de prime abord, à savoir un système d'identité numérique global, obligatoire et fiable.

Il ne faudrait pas que la loi aille trop loin dans cette voie, sous peine, sans le vouloir, de constituer une société de surveillance qui susciterait le rejet et la perte de confiance des populations.

---

1. Art. D98-7 du CPCE.
2. Le Forum des droits sur l'Internet *(www.forum-internet.org)* a compilé l'ensemble des textes légaux en relation avec les interceptions dites de sécurité. Pour une présentation succincte de la Commission nationale de contrôle des interceptions (35, rue Saint-Dominique, 75007 Paris), voir *http://www.premier-ministre.gouv.fr/ acteurs/premier_ministre/services-premier-ministre_195/commission-nationale-controle-interceptions_50832.html.*

Chapitre IV

Les limites de choix et d'usage du pseudo

Extrait de quelques échanges, ou fils de discussions, lus sur un forum public au format Web hébergé par un portail qui développe des thématiques sur la beauté et la santé[1] :

Pitchounette21, le 8 janvier 2007 :

Je suis amoureuse de mon voisin de palier, que faire ?

Veloutedecarotte26, le 9 janvier 2007 :

Courage ! ! ! !

Lyon1234567, le 9 janvier 2007 :

Jai pas de palier, j'habite une maison individuelle

Feedesbullesdesavon, le 9 janvier 2007 :

C quoi un palier ? ? ? ? ? ! ! ! ! ! !

Lily 1805, le 10 janvier 2007 :

Palier ou pas (encore) lié (lol[2])

---

1. Afin de préserver l'anonymat des contributeurs, les pseudos et contenus des messages ont été modifiés. Par souci de rapporter des échanges véritables, le « sociolecte » (écrit qui modifie les règles orthographiques ou grammaticales) ainsi que les fautes d'orthographe et de syntaxe sont reproduits tels quels.
2. « Laughing out loud » (rire aux éclats).

Bernard49, le 10 janvier 2007 :

:$ ET ou eske j pourai trouver ton palier ? ? merci ;)

a-gucci, le 10 janvier 2007 :

ayé, on atteint des abimes

Sur Internet comme ailleurs, l'homme a besoin de se nommer pour exister et pour échanger avec l'autre, même pour des échanges de la plus grande simplicité. Le pseudonyme, qui se définit comme un « nom de fantaisie, librement choisi par une personne physique dans l'exercice d'une activité particulière [...] afin de dissimuler au public son nom véritable[1] », est très largement utilisé sur les réseaux. C'est même l'identifiant numérique « roi » de l'Internet. On parle à son propos de « pseudo ».

L'un des secrets de son succès tient à ce que le pseudo ne permet pas une identification complète d'un individu. L'autre secret de son succès tient à ce que le pseudo constitue souvent une sorte d'identité jetable, créée pour un besoin immédiat et aussitôt abandonnée ou, plus simplement, oubliée. Enfin, son succès tient simplement au fait que de nombreux services sur Internet exigent un pseudo.

Le recours au pseudonyme comme au pseudo est légal en droit français. Il peut même prendre sa place aux côtés du nom sur la carte nationale d'identité, à la condition que soit produit un acte de notoriété délivré par un juge d'instance du lieu de résidence.

On trouve également la trace du pseudo dans le domaine du droit d'auteur. Le statut des « œuvres pseudonymes » est reconnu par le Code de la propriété intellectuelle. L'article L113-6 de ce code précise que les auteurs des œuvres pseudonymes « sont représentés dans l'exercice de [leurs] droits par l'éditeur ou le publicateur originaire, tant qu'ils n'ont pas fait connaître leur identité civile et justifié de leur qualité ».

Les règles relatives à la durée de protection des droits d'auteur sont même spécifiques pour les œuvres pseudonymes. Traditionnellement fixée en fonction

---

1. G. CORNU, *Vocabulaire Juridique*, *op. cit.* Cette définition est également retenue par la jurisprudence (Cass., 1ʳᵉ chambre civile, 23 février 1965, *JCP*, 1965, II, 14255, note P. Neveu).

de la durée de vie de l'auteur, la durée de protection dans le cas d'une œuvre dont l'identité réelle de l'auteur n'est pas connue est fixée « à compter du 1ᵉʳ janvier de l'année civile suivant celle où l'œuvre a été publiée[1] ». Cependant, il existe des limites légales au choix et à l'usage d'un pseudo.

Limites au choix du pseudo

Le choix d'un pseudo n'est pas un acte neutre. Il est d'ailleurs bordé par des limites juridiques qu'il importe de connaître.

Destiné à être exhibé en public, le pseudo doit, s'il constitue un message intelligible, respecter l'ordre public. Il ne peut donc aucunement constituer un propos raciste, antisémite ou négationniste. Il ne doit pas non plus constituer une injure ni une parole diffamante à l'encontre d'une personne identifiable ou d'un groupe de personnes identifiables.

Concernant les droits des tiers, en particulier des marques déposées à l'INPI[2], le Code de la propriété intellectuelle fait figurer les pseudonymes parmi les signes pouvant être déposés comme marque. L'article L711-11 du code définit la marque comme un signe qui sert à distinguer les produits ou services. Il précise que peuvent notamment constituer un tel signe les « dénominations sous toutes les formes telles que : mots, assemblages de mots, noms patronymiques et géographiques, pseudonymes, lettres, chiffres, sigles ».

Le même code interdit à quiconque de prendre une marque si elle porte atteinte à un droit antérieur et « au droit de la personnalité d'un tiers, notamment à son nom patronymique, à son pseudonyme[3] ».

Ainsi, non seulement le pseudonyme dispose, à défaut d'un statut légal, d'une existence juridique, mais il dispose en tant que tel d'une protection. À supposer qu'il soit établi l'usage d'un pseudo, son titulaire pourrait faire annuler une marque postérieure qui serait déposée et reproduirait ou imiterait le pseudo.

---

1. Art. L 123-3 du Code de la propriété Intellectuelle.
2. Institut national de la propriété industrielle, *www.inpi.fr.*
3. Art. L711-4 du Code de la propriété intellectuelle.

C'est ce qu'a rappelé la Cour de cassation dans un arrêt du 25 avril 2006[1]. La plus haute juridiction constatait qu'une artiste interprète dans le domaine de la musique avait adopté un pseudonyme. Or son producteur, avec lequel elle allait entrer en conflit, avait déposé ce même pseudonyme à titre de marque à une date postérieure. La cour a constaté que le producteur avait signé un contrat avec l'artiste sous son pseudonyme et qu'il ne pouvait donc ignorer l'existence du pseudonyme. Ayant fait ce constat, la cour a rappelé qu'un dépôt de marque était entaché de fraude lorsqu'il était effectué « dans l'intention de priver autrui d'un signe nécessaire à son activité ». Aussi le pseudonyme antérieur devait-il provoquer la nullité de la marque postérieure.

Le fait qu'un pseudo puisse être déposé en tant que marque ou qu'il puisse annuler une marque induit deux conséquences immédiates pour le détenteur d'un pseudo. Avant usage, il doit d'abord vérifier que son pseudo n'enfreint pas un autre pseudo ou un pseudo déposé à titre de marque. Nous recommandons en la matière d'adopter une attitude nuancée et pragmatique. Si le choix du pseudo est temporaire ou limité à un usage privé, la démarche d'une recherche d'antériorité paraît exagérée, d'autant qu'une telle démarche a un coût. En revanche, s'il représente un signe distinctif servant, par exemple, à un blog, lequel est destiné à recevoir du trafic, voire de la publicité, il faut s'enquérir de l'existence de marques préalables au choix du pseudo.

La seconde conséquence de la possibilité de déposer un pseudo à titre de marque est qu'il peut acquérir une protection accrue de par son dépôt en tant que marque. Là aussi, une telle démarche, au coût non négligeable, n'est à entreprendre que si elle est justifiée en termes d'activité commerciale.

La troisième limite au choix d'un pseudo est l'existence d'un nom patronymique préexistant. Le plus souvent, le pseudo reproduit le patronyme d'une personnalité connue. La question de savoir si un pseudonyme peut reproduire ou non le nom patronymique d'un tiers s'avère délicate. Ce tiers pourrait en effet faire valoir que la reproduction de son nom, voire de son pseudo, constitue une usurpation de son identité.

---

1. Cass., chambre commerciale, 25 avril 2006, pourvoi n° 04-15641.

Comme nous le verrons au chapitre X, en droit pénal, l'usurpation d'identité n'est pas sanctionnée de façon autonome mais uniquement lorsqu'elle entraîne un risque pour la victime de l'usurpation.

Pour que l'usurpation d'identité devienne une infraction condamnable pénalement, deux conditions cumulatives doivent être réunies :

- L'usurpation d'identité doit avoir pour conséquence de faire peser un risque pénal sur le tiers usurpé. Ce délit ne peut donc être invoqué que si l'usurpation est utilisée aux fins de commettre une infraction. C'est clairement le cas de la vengeance, dans laquelle le délinquant utilise le nom d'un tiers dans le but de le compromettre. Il peut, par exemple, faire usage de ce nom dans un forum de discussion et y tenir des propos contraires à l'ordre public pour inciter à la poursuite judiciaire à l'encontre du tiers usurpé.

- Le texte légal vise le nom d'un tiers. Le lien juridique entre l'utilisation d'un nom et les poursuites pénales contre la victime de cette usurpation doit être clairement établi[1]. Le simple fait que le pseudo reproduise le nom patronymique d'un tiers n'est pas suffisant en tant que tel pour le faire qualifier d'usurpation d'identité. Il faut que ce choix s'accompagne d'un usage particulier.

Quant à savoir si le titulaire d'un pseudo court un risque en reproduisant un pseudo existant, il nous semble que l'usurpation d'identité n'est pas constituée, sauf à s'accompagner d'un des usages décrits à la section suivante.

Droits et limitations d'usage du pseudo

Est-on propriétaire de son pseudonyme ? La propriété est définie par le Code civil comme « le droit de jouir et disposer des choses de la manière la plus absolue, pourvu qu'on n'en fasse pas un usage prohibé par les lois ou par les règlements[2] ». La notion de « choses » étant entendue de manière extensive, il peut en être déduit que l'on est propriétaire de son pseudo.

---

1. Cass., chambre criminelle, 29 mars 2006.
2. Art. 544 du Code civil.

Il existe en droit français un courant doctrinal qui affirme que le nom serait l'objet d'un droit de propriété au sens de l'article 544 du Code civil. Sa simple atteinte, même sans faute, suffirait à fonder une action en justice. C'est ce qu'a reconnu une très ancienne jurisprudence qui relève que « le demandeur doit être protégé contre toute usurpation de son nom même s'il n'a subi de ce fait aucun préjudice[1] ». Dans ces conditions, on ne voit pas pourquoi le pseudo obéirait à une loi différente.

Il ne fait aucun doute, notamment au regard des dispositions du Code de la propriété intellectuelle, que le pseudo s'inscrit dans le commerce juridique. Être dans le commerce juridique signifie que le pseudo peut être cédé, acquis, loué ou faire l'objet de toute opération, à but lucratif ou non. Il peut être un signe distinctif qui rallie une clientèle, la capte, prenant ainsi de la valeur au point de devenir un actif d'un fonds de commerce. Il peut donc faire l'objet d'un contrat de cession ou de concession et, au titre de ces opérations juridiques, d'un prix payé et d'un transfert de droits le concernant.

Si le pseudo est parfaitement légal en droit français, son usage est évidemment réglementé et connaît des limites que nous allons tenter de sérier.

La première limite est posée par l'article 434-23 du Code pénal sur un cas précis d'usurpation d'identité. Nous avons sommairement vu ci-avant et nous verrons en détail au chapitre X qu'il n'existe pas d'incrimination générale sanctionnant l'usurpation d'identité. L'article 434-23 du Code pénal sanctionne « le fait de prendre le nom d'un tiers, dans des circonstances qui ont déterminé ou auraient pu déterminer contre celui-ci des poursuites pénales, est puni de cinq ans d'emprisonnement et de 75 000 euros d'amende ».

Le choix d'un pseudo reproduisant le nom d'un tiers peut être guidé par l'intention de faire naître contre la personne dont le nom a été usurpé une poursuite pénale. Le délit d'usurpation d'identité est dans ce cas constitué par l'usage du pseudo, qui devient l'élément matériel de l'infraction. Ce délit pénal vise le cas précis d'une vengeance.

---

1. TGI de Marseille, 9 février 1965, D. 1965 270.

Mais si un individu prend non pas le nom mais le pseudo d'un autre puis agit en pleine conscience de cette usurpation dans le but édicté par le texte pénal précité, l'auteur des faits est-il passible des tribunaux ? Nous sommes pour notre part réservés quant à l'application à ce cas de l'article 434-23 du Code pénal. En effet, le droit pénal est d'interprétation stricte, et l'article en question ne vise que le cas d'usurpation du « nom d'un tiers ». Le « pseudo d'un tiers » ne figurant pas à proprement parler dans le texte de loi, ce délit ne devrait pas s'appliquer. Force est cependant de reconnaître une tendance certaine des tribunaux à étendre aux pseudos toute règle juridique applicable aux noms.

C'est le cas de la seconde limite imposée à l'usage du pseudo, laquelle relève du délit général d'escroquerie. Ce délit est visé par l'article 313-1 du Code pénal, qui dispose que « l'escroquerie est le fait, soit par l'usage d'un faux nom ou d'une fausse qualité, soit par l'abus d'une qualité vraie, soit par l'emploi de manœuvres frauduleuses, de tromper une personne physique ou morale et de la déterminer ainsi, à son préjudice ou au préjudice d'un tiers, à remettre des fonds, des valeurs ou un bien quelconque, à fournir un service ou à consentir un acte opérant obligation ou décharge ». L'escroquerie est punie d'une peine maximale d'emprisonnement de cinq ans et d'une peine d'amende de 375 000 euros.

Si le droit pénal ne réprime pas d'une manière générale et en elle-même, comme nous venons de le voir, l'usurpation de nom ou de pseudo, l'usage d'un faux nom pourrait être constitutif des « manœuvres frauduleuses » visées par l'article L313-1 du Code pénal qui réprime l'escroquerie. Les tribunaux ont déjà jugé que l'on pouvait assimiler un faux pseudonyme à un faux nom au sens de ce texte[1], la chambre criminelle de la Cour de cassation retenant que le « nom s'entend d'un faux nom patronymique ou d'un faux pseudonyme ». D'autres jurisprudences ont même étendu la notion de faux nom à celle de faux prénom pour l'application de ce texte[2].

---

1. Cass., chambre criminelle, 27 octobre 1999, *Bull. crim.*, n° 98-86017 ; CA de Paris, 1er octobre 2001, *Juris-Data*, n° 2001-163093.
2. CA de Paris, 16 septembre 1999, *Juris-Data*, n° 1999-094960 ; CA de Paris, 4 juillet 2003, *Juris-Data*, n° 2003-22405.

Les avatars ont-ils un statut juridique propre ?

Au sens commun du terme, l'avatar est une métamorphose, une transformation. Dans l'environnement numérique, l'avatar peut se définir comme la représentation graphique d'une personne. Les avatars se développeraient en grand nombre. Selon une étude du Gartner Group[1], en 2011, 80 % des internautes disposeront de leur double virtuel sur Internet. En moyenne, chaque personne qui fréquente Second Life disposerait de l'ordre de deux avatars. Outre les mondes virtuels persistants créés par des éditeurs tels que Linden Lab (Second Life), on rencontre aussi des avatars dans les jeux de rôle en ligne multijoueurs tels que World of Warcraft. À leur façon, ces jeux vidéo créent des mondes virtuels dans lesquels évoluent essentiellement des adolescents.

Ces avatars ont-ils une personnalité juridique ? Si oui, ont-ils un statut juridique propre ? Le 9 mai 2007, Robin Linden, vice-président de Second Life, publiait sur le blog du même nom un article intitulé « accusations de pédophilie sur Second Life[2] ». Il y rapportait qu'une télévision allemande avait diffusé quelques jours plus tôt un reportage dans lequel elle montrait des images d'un avatar « ressemblant à un adulte mâle et d'un avatar ressemblant à un enfant » en pleine activité sexuelle. Il précisait que la chaîne de télévision avait dénoncé les faits aux autorités allemandes.

Devant les agissements manifestes d'un pédophile susceptibles d'engager la responsabilité juridique non seulement des protagonistes, mais également de Second Life, ce dernier diligentait immédiatement une enquête qui révélait que les deux avatars appartenaient en réalité à un homme de 54 ans et une femme de 27 ans. Aucun mineur n'était donc impliqué dans cette affaire autrement que virtuellement. Dans un communiqué, Second Life, qui rappelait que le site était interdit au mineur, excluait du service les deux protagonistes et annonçait la mise en place prochaine d'un système chargé de vérifier l'âge des membres du réseau.

Selon nous, toute responsabilité est sous-tendue par un principe de liberté, voire de libre arbitre. Or il ne saurait incomber de responsabilité juridique qu'au seul être vivant disposant du libre arbitre, à savoir l'homme. L'avatar n'est pas homme. Il lui manque la volonté propre qui caractérise le libre arbitre. Nous répondons donc par la négative à la question de la personnalité juridique propre à l'avatar. Aussi, bien que l'idée soit séduisante, ne saurait-elle avoir de fondement juridique : l'avatar n'a pas de statut juridique propre. Ce n'est, tout au plus, qu'une représentation graphique, un pseudo en 3D.

---

1. Cité par *Net 2007 Lille métropole Atelier*, « Pseudos, avatars… comment gérer les milliards d'identités virtuelles ? »

2. *http://blog.secondlife.com/2007/05/09/accusations-regarding-child-pornography-in-second-life/*.

En revanche, la question de la responsabilité se pose pour le maître de l'avatar, celui qui maîtrise l'image en 3D. À l'instar du propriétaire d'un animal, c'est lui qui doit répondre des conséquences dommageables des « actes » de son avatar. Pour mémoire, aux termes de l'article 1385 du Code civil, le « propriétaire d'un animal, ou celui qui s'en sert pendant qu'il est à son usage, est responsable du dommage que l'animal a causé, soit que l'animal fût sous sa garde, soit qu'il fût égaré ou échappé ».

Les identifiant et mot de passe qui protègent l'avatar sont le rempart contre l'accaparement par un tiers. Mais si un tiers prend le contrôle d'un avatar et commet des dommages aux tiers, on peut s'interroger sur la responsabilité de son maître. À notre sens, cette responsabilité pourrait être engagée dans ce cas si l'accaparement par le tiers a été rendu possible par une imprudence ou une négligence de son maître dans la protection de l'avatar, comme une divulgation des identifiant et mot de passe. Dans tous les autres cas, la responsabilité juridique au titre des actes de l'avatar reviendrait à celui qui en fait l'usage au moment des faits.

De même, le maître de l'avatar est son « propriétaire », soit au titre du droit d'auteur si l'avatar est original, soit au titre du droit des marques, voire au titre du droit des dessins et modèles, les avatars pouvant donner lieu à dépôt, comme les personnages de jeux vidéo. On pourrait dès lors imaginer un nouveau type de conflit, dans lequel le maître d'un avatar trouverait trop approchant un autre qu'il accuserait de copie, de plagiat, de contrefaçon selon la qualification juridique adoptée. Bref, si l'avatar n'est pas un sujet de droit autonome, il n'en est pas moins un sujet suscitant des questions juridiques nouvelles intéressantes.

En conclusion

L'utilisation d'un pseudonyme est par principe licite en droit français. Le choix du pseudonyme est toutefois borné par un certain nombre de limites qui tiennent au respect de l'ordre public et au droit des tiers.

L'usage sur les réseaux du pseudonyme devenu pseudo s'accompagne également de limites, compte tenu du fait que les pseudos servent à s'identifier, voire à s'authentifier, mais aussi à s'exprimer, à échanger et à acheter. Les limites à respecter tiennent aux risques légaux constitués par les délits d'usurpation d'identité et d'escroquerie.

Dans ce contexte, il est recommandé de prendre le soin :

- D'utiliser un pseudonyme purement imaginatif.

- De ne pas utiliser un pseudonyme qui soit un nom patronymique connu d'un tiers.

- De ne pas accompagner ce choix de manœuvres frauduleuses, telles que l'usage d'une fausse qualité.

Chapitre V

Le nom de domaine entre propriété intellectuelle et identité numérique

En février 2002, Mme Milka B. réserve le nom de domaine milka.fr pour créer la vitrine en ligne de son modeste atelier de couture, sans imaginer une seconde les conséquences de son acte. Le propriétaire de la marque de chocolat Milka, le géant Kraft Foods Schweiz Holding AG, découvre l'existence de milka.fr en avril 2002.

Dans un premier temps (18 juin 2002), Kraft Foods adresse une mise en demeure à Mme Milka B. au prétexte que sa page Web viole la marque nominative Milka, propriété de Kraft Foods depuis 1901. La société vise également les marques figuratives de même nom et de couleur lilas violet et mauve utilisées par Mme Milka B. sur son site, si caractéristiques de la marque de chocolat, et lui intime de cesser l'usage de cette URL et de transférer le nom de domaine au profit de Kraft Foods.

La couturière s'obstine contre l'avis du chocolatier. L'affaire intéresse les médias du fait de l'opposition entre une multinationale et une « pauvre petite couturière de 58 ans » et de ce que les parties se déchirent autour d'une marque évocatrice d'un chocolat qui a nourri tant d'enfants. Un grand élan de sympathie pour la couturière enfle sur Internet.

Kraft Foods finit par saisir le tribunal de grande instance de Nanterre afin de contraindre Mme Milka B. à cesser d'utiliser la marque Milka et la couleur mauve qui sert de fond d'écran à son site. L'action de la société suisse se heurte à un premier obstacle juridique dressé par la couturière : Milka B. exerce ses talents dans le domaine de la couture à Bourg-lès-Valence, dans la Drôme, ce qui est totalement distinct de la confiserie industrielle de Zurich, en Suisse. Le principe de spécialité du droit des marques, qui limite le monopole conféré par l'INPI au titulaire d'une marque aux seuls services et produits en activité, est susceptible de tirer d'affaire la couturière.

Pour contrer ce principe, la multinationale utilise la notion de marque notoirement connue afin de fonder juridiquement sa demande d'interdiction d'usage de la marque Milka à titre de nom de domaine. Les juges de Nanterre lui donnent raison le 14 mars 2005, le tribunal jugeant que, bien que l'adresse milka.fr ait été obtenue de manière légitime et que le site afférant ne nuise aucunement au chocolat Milka, la propriétaire du nom de domaine milka.fr a obligation de céder la propriété dudit nom à la société propriétaire de la marque Milka.

Assez logiquement, et conformément à une jurisprudence constante depuis plus de dix ans, la justice finit donc par faire prévaloir le droit des marques sur le nom de domaine enregistré postérieurement. En avril 2006, la cour d'appel de Versailles confirme définitivement le premier jugement de Nanterre.

Le nom de domaine est un identifiant numérique central, car il est nécessaire à l'utilisation de tous les services d'Internet. Un projet, baptisé OpenID, propose que l'URL, dont le nom de domaine constitue l'un des éléments essentiels, devienne l'identifiant d'un système d'identité numérique global qui fait aujourd'hui défaut à Internet. Mais avant de constituer un tel système, le nom de domaine constitue déjà un identifiant numérique, qui, en tant que tel, doit résoudre ses nombreux problèmes avec la propriété intellectuelle et notamment le droit des marques.

Nom de domaine *versus* marque

Marques, brevets, droits d'auteur : la propriété intellectuelle envahit tout pour opposer le monopole légal d'un signe distinctif (marque), d'une invention (brevet) ou d'un acte de création original (droit d'auteur) à tous et à tout ce qui les reproduit. Le nom de domaine, élément fondamental de l'identité numérique, notamment pour les entreprises, n'échappe pas à la règle.

De tous les identifiants numériques, le nom de domaine est historiquement le premier à être entré en conflit avec la propriété intellectuelle, principalement les marques. Nous allons voir comment s'est organisée la technostructure Internet, l'Icann, pour résoudre le litige marque/nom de domaine à l'aide d'une solution originale et qui marche. Nous verrons également comment, dans deux cas particuliers, le nom patronymique et les noms de commune, la loi et les tribunaux ont résolu des conflits mettant en cause des noms de domaine.

La figure 5.1 illustre les différentes parties de l'URL simple d'un site Web. Le nom de domaine en est la partie centrale (*eyroles. com*). Les éléments situés de part et d'autre du nom de domaine identifient le nom de l'hôte au moyen d'un éventuel sous-domaine (*www*), le protocole de communication à utiliser (*http*[1]) et l'emplacement du document recherché au sein de l'hôte considéré (*index. html*). Le nom de domaine est lui-même composé d'une extension ou d'un suffixe appelé domaine de premier niveau « générique » (*.com, .net, .org, .biz, .info*) ou national (*.fr, .uk*)[2] et d'un radical au choix du déposant (*eyroles*).

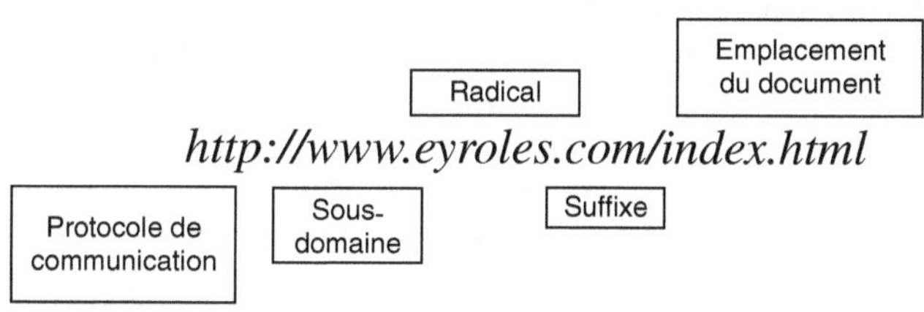

Figure 5.1 – Le nom de domaine

Des différents éléments qui composent le nom de domaine (radical et suffixe), le radical est celui qui est susceptible d'entrer en conflit avec une marque.

---

1. HyperText Transfer Protocol, soit le protocole hypertexte du Web.
2. Cette catégorie de noms de domaine est constituée d'une extension reproduisant le code d'un État, conformément à la norme ISO 3166-1 (*fr* pour la France, *it* pour l'Italie, *es* pour l'Espagne, *us* pour les États-Unis, etc.).

Le nom de domaine est attribué selon la règle assez primaire, mais logique, du « premier arrivé, premier servi ». Le premier qui demande un nom de domaine disponible se le voit attribuer. Cette règle n'a rien de choquant en elle-même, et elle s'applique dans quantité de matières, notamment en matière de propriété intellectuelle : le premier à déposer un signe distinctif disponible en tant que marque en est le propriétaire ; le premier à créer une œuvre littéraire originale en est le propriétaire par application du droit d'auteur ; le premier à inventer un procédé technique nouveau et d'application industrielle dispose d'un monopole légal par application du droit des brevets s'il en demande la protection à ce titre.

Pour les entreprises qui produisent, distribuent ou vendent des produits ou des services, la marque est un signe fondamental qui leur permet de se distinguer des concurrents. Mais la marque n'est pas le seul signe distinctif à la disposition des entreprises. La dénomination sociale sur le K-bis, l'enseigne sur la façade du fonds de commerce sont d'autres exemples de ces signes régulièrement utilisés par les entreprises.

Le nom de domaine Internet est un nouveau venu dans la panoplie des signes distinctifs, mais un nouveau venu imposant puisque, en une dizaine d'années, plus de 115 millions de noms de domaine auraient été distribués sur l'ensemble de la planète. Nous avons vu que le statut juridique du nom de domaine était incertain. Il peut être qualifié d'enseigne lorsqu'il correspond à un site Internet marchand[1], ou de titre protégé par le droit d'auteur ou encore, selon certains analystes, de signe nouveau, dit *sui generis*, assimilable à aucun autre.

Dans tous les cas, le nom de domaine fait l'objet d'opérations juridiques diverses, telles qu'achat, vente, location, en grand nombre et souvent à des prix élevés.

Rareté et cybersquatting

L'apparition des noms de domaine Internet a été controversée du fait de deux phénomènes négatifs, la rareté et le « cybersquatting ». La planète

---

1. TGI de Paris, 31e chambre correctionnelle, 8 avril 2005, ministère public/Nicole T. : l'« appellation d'un site correspond, sur le plan électronique, à l'enseigne » ; à propos du nom de domaine *soldeurs. com* utilisé en dehors des périodes légales de soldes en France.

entière doit se partager un nombre de noms de domaine Internet restreint du fait des caractéristiques techniques de ce signe. Le nombre d'extensions génériques (*.com*, *.org*, *.net*, etc.) et géographiques (*.fr*, *.uk*, *.it*, *.es*, *.de*, etc.) est au total de l'ordre de 270.

Le choix du suffixe du nom de domaine est un premier élément révélateur de l'identité : on peut ainsi afficher son attachement à la nation ou montrer son intérêt pour un marché national (*.fr*), apparaître comme une structure commerciale ou de services (*.com*), comme une organisation à but non lucratif (*.org*) ou une entité développant son activité à titre prioritaire sur Internet (*.net*). Bien évidemment, rien n'est imposé. On peut parfaitement imaginer qu'une entreprise cherche à toucher le marché français au moyen d'un site vitrine accessible par une adresse en. *es* (zone Espagne). Cependant, en toute logique, le choix du suffixe est un signe donné au visiteur qui doit être cohérent.

Le radical est constitué de lettres latines n'acceptant aucune ponctuation [1], ni, dans sa forme habituelle, aucun autre alphabet (arabe, chinois, cyrillique, hébreu) ou signes diacritiques (tels que les accents en langue française) [2]. Dans ces conditions, le nom de domaine évolue dans le cadre d'un patrimoine terminologique limité à la fois par le nombre d'extensions existantes et par le type de caractère imposé.

Internet ne sait pas gérer l'homonymie. Ce n'est pas le cas dans le monde réel des signes distinctifs existants, tels que les marques attribuées par des organismes publics comme l'INPI en France. Une entreprise chinoise peut disposer d'une marque qui couvre des services sur son territoire dans un secteur d'activité et une société américaine disposer de la

---

1. Le radical peut accueillir le tiret. Le point est utilisé pour séparer le suffixe du radical, ou le nom de domaine de sous-domaines.
2. En réalité, afin de répondre à ce besoin, tout en ne modifiant pas les caractéristiques techniques du système de nommage actuel, le système IDNA (Internationalizing Domain Names in Applications) a été proposé dès 1996, et finalement codifié par la RFC 3490, en mars 2003, qui permet aux applications de gérer des noms de domaine ne comportant pas que des caractères ASCII, en convertissant tout caractère Unicode n'existant pas comme caractère ASCII sous la forme d'une chaîne de caractères ASCII unique. À titre d'exemple, selon ce système, *xn--identit-hya. com* correspond à *identité.com* (ce nom de domaine est d'ailleurs enregistré à l'heure où nous écrivons ces lignes).

même marque sur le territoire nord-américain et couvrant d'autres services dans un autre secteur d'activité.

Le droit des marques est gouverné par deux principes, dits de *territorialité* et de *spécialité*. Le principe de territorialité pose que chacune des deux marques est protégée dans son territoire lors de son enregistrement. Le principe de spécialité[1] pose que la marque est protégée pour certains produits ou services seulement, visés là encore lors de l'enregistrement. En dehors de ces produits ou services, la même marque peut être déposée par un tiers. Si deux entreprises développent des activités distinctes, elles peuvent donc parfaitement disposer de la même marque, y compris si elles se trouvent sur le même territoire.

Pour les noms de domaine Internet, il n'y a pas de territorialité ni de spécialité qui vaille. Le nom de domaine est attribué pour le monde entier, et il ne peut exister d'homonymes pour une même extension, même dans des lieux très éloignés de la planète comme la Chine et les États-Unis. Conséquence pratique : les noms de domaine Internet connaissent une pénurie. Certains prétendent que cette pénurie aurait été sciemment organisée[2], afin de donner de la valeur à cette ressource technique.

Quoi qu'il en soit, les entreprises se trouvent devant les possibilités suivantes : soit être les premières à se faire attribuer les noms de domaine sous lesquels ils souhaitent communiquer ; soit faire valoir des droits antérieurs, principalement leurs marques, contre les titulaires des noms de domaine qui les reproduisent ; soit acheter ces noms à leurs titulaires.

L'autre phénomène qui a terni l'utilisation des noms de domaine Internet a pour nom le cybersquatting, qui consiste à se faire attribuer le premier un nom de domaine disponible qui reproduit une marque notoire ou le nom d'un artiste connu, dans le but de monnayer sa restitution.

Quantité de techniques découlent du cybersquatting, tel le « typo-squatting », qui consiste à enregistrer un nom de domaine reproduisant

---

1. Sauf cas des marques dites notoirement connues, comme Milka, dont le seul énoncé fait penser au produit ou au service qu'elles représentent (art. 6 *bis* de la convention de Paris pour la protection de la propriété industrielle et art. L711-4 et L713-5 du Code de la propriété intellectuelle).
2. Laurent CHEMLA, « Confessions d'un voleur », *Le Monde*, 29 avril 2000.

une marque notoire mais avec une légère différence typographique, par exemple *gogle. com* au lieu de *google. com.* Nous engloberons toutes ces techniques illicites sous le vocable de cybersquatting. Quelques affaires retentissantes, mais en réalité isolées, indiquent que cette pratique aurait rapporté des millions de dollars à leurs auteurs.

Le cybersquatting a été rendu possible pour deux raisons principales :

- L'attribution d'un nom de domaine s'effectue en ligne en quelques minutes et à un coût relativement modique. Dans ces conditions, des individus peu scrupuleux tentent leur chance en se faisant attribuer un nombre important de noms de domaine « illégaux » puis tentent de les monnayer. Une seule affaire peut leur permettre de rentabiliser leur pratique.

- La procédure de réservation et d'attribution d'un nom de domaine Internet est, dans la plupart des cas, réalisée sans que soit vérifiée l'identité de celui qui achète le nom ni l'état de ses droits sur ce nom. Autrement dit, n'importe qui, sous une fausse identité et sans droits sur le nom de domaine acheté, peut, en quelques minutes, s'approprier un nom de domaine Internet reproduisant partiellement ou totalement une marque qu'une entreprise aura mis des années à créer et fructifier.

Si cette situation est relativement facile s'agissant des noms de domaine génériques, elle l'est moins pour les noms de domaine géographiques, notamment le domaine *.fr*, dont l'attribution, depuis l'origine, fait l'objet d'un contrôle préalable restrictif.

Au milieu des années 1990, les conflits entre noms de domaine Internet d'un côté et propriété intellectuelle et droit des marques de l'autre abondaient. Jusqu'à la fin de l'année 1999, on considérait qu'un tiers des contentieux judiciaires en droit de l'Internet concernait des litiges entre noms de domaine et marques.

Alertée notamment par l'OMPI (Organisation mondiale de la propriété intellectuelle), l'Icann[1] a promulgué une procédure de règlement des

---

1. Société de droit californien créée en novembre 1998 à l'initiative du gouvernement américain et chargée de coordonner et administrer au niveau mondial les noms de domaine et adresses IP.

conflits entre marques et noms de domaine très originale. À mi-chemin entre la médiation et l'arbitrage, cette procédure a été qualifiée d'administrative. L'Icann confiait la résolution des conflits à quelques institutions, parmi lesquelles l'OMPI, accréditée le 1er décembre 1999, et le NAF (National Arbitration Forum), accrédité le 23 décembre 1999.

Pour un plaignant, le choix de l'une ou l'autre de ces institutions est *a priori* indifférent. Un Européen aura tendance à se tourner vers la principale institution de règlement européenne, l'OMPI. Cependant, en raison de la forte publicité donnée par cette dernière aux décisions rendues, le plaignant souhaitant plus de discrétion se tournera plus volontiers vers l'une des autres institutions. À ce jour, plus de 9 200 saisines[1] ont été instruites par l'OMPI.

Pour assurer l'exécution des décisions rendues par les « panélistes » désignés par ces institutions, l'Icann a adopté, le 26 août 1999, des principes directeurs[2] et, le 24 octobre 1999, leurs règles d'application[3]. Ces principes directeurs sont incorporés, par renvoi, aux contrats d'enregistrement passés entre les propriétaires de noms de domaine et les unités d'enregistrement accréditées auprès de l'Icann et entre les unités d'enregistrement et l'Icann[4]. Chacun s'engage à soumettre le litige nom de domaine/marque aux institutions de règlement. Surtout, dans le contrat d'accréditation qu'elles ont passé avec l'Icann, ces unités d'enregistrement s'engagent à exécuter les décisions rendues. Si elles ne le font pas, pèsent sur elles la menace de perdre leur accrédi-

---

1. Statistiques disponibles au 1er janvier 2008 sur le site de l'OMPI, à l'adresse *http://www.wipo.int/amc/en/domains/statistics/decision_rate. jsp ? year.*
2. *Uniform Domain Names Dispute Resolution Policy* (politique de règlement uniforme des litiges relatifs aux noms de domaine). Le texte en français est disponible sur le site de l'OMPI, à l'adresse *http://arbiter.wipo.int/domains/rules/icannpolicy-fr.doc.*
3. *Rules for Uniform Domain Names Dispute Resolution Policy.* Le texte en français est disponible sur le site de l'OMPI.
4. Pour obtenir le transfert ou la suppression d'un nom de domaine, le titulaire de la marque doit obéir à trois conditions cumulatives (art. 4 des principes directeurs de l'Icann) : 1) le nom de domaine doit être identique ou similaire à la marque invoquée ; 2) le détenteur du nom de domaine ne doit pouvoir justifier d'aucun droit légitime sur le nom de domaine ; 3) le nom de domaine doit avoir été enregistré et utilisé de mauvaise foi.

tation et donc le droit de diffuser des noms de domaine en tant qu'unité d'enregistrement.

La collaboration nécessaire des unités d'enregistrement en vue de l'efficacité de cette procédure est matérialisée par l'article 3c des principes directeurs de l'Icann, suivi par toutes les unités accréditées, en vertu duquel elles s'engagent à annuler ou transférer le nom de domaine en cause « dès réception d'une décision d'une commission administrative[1] ».

Conflit marque/nom de domaine, qui gagne ?

La jurisprudence dite Atlantel[2] a affirmé le principe selon lequel la réservation d'un nom de domaine sur Internet ne créait aucun droit privatif sur ce nom et pouvait constituer une contrefaçon d'une marque antérieure. À partir de cette première décision judiciaire s'est élaborée une jurisprudence complète sur toutes questions relatives à ce type de litige entre noms de domaine et marques.

Un litige de ce type met souvent en cause des personnes de nationalité et de localisation différentes. Le plaignant a le choix de saisir soit un tribunal de l'ordre judiciaire, soit une des institutions de règlement des conflits mises en place par l'Icann. S'il saisit un tribunal, doit-il s'agir de celui du lieu d'établissement du plaignant, du titulaire du nom de domaine, de l'unité d'enregistrement ? La question est loin d'être neutre. Être français et se trouver contraint de saisir un juge coréen parce que le titulaire du nom de domaine a déclaré une adresse dans ce pays représente un coût le plus souvent dissuasif.

---

1. La version française officieuse de l'UDRP réalisée par l'OMPI, traduit cet article ainsi : « [...] Nous annulerons ou transférerons un enregistrement de nom de domaine, ou lui apporterons toutes autres modifications qui s'imposent, dans les cas suivants : [...] c) à réception d'une décision d'une commission administrative ordonnant une telle mesure dans toute procédure administrative à laquelle vous avez été partie et qui a été conduite en vertu des présents principes directeurs ou d'une version ultérieure de ceux-ci qui aura été adoptée par l'ICANN [...]. »

2. TGI de Bordeaux, ordonnance de référé, 22 juillet 1996, Sapeso et Atlantel/Icare et Reve, publiée sur *www.legalis.net*.

Face à cette difficulté, les juges[1] ont rapidement considéré, sur le fondement de l'article 5-3 de la convention de Bruxelles du 27 septembre 1968[2], que le tribunal compétent était celui du lieu du fait dommageable, autrement dit le tribunal dans le ressort duquel a été constaté, généralement par huissier, l'enregistrement et l'utilisation abusive du nom de domaine en conflit.

L'OMPI a publié des statistiques sur l'issue des conflits, selon lesquelles la marque gagne presque chaque fois. Sur plus de 9 200 cas traités, 83,76 % des affaires ont abouti à une décision de transfert du nom de domaine au profit du titulaire de la marque, 0,93 % par une suppression du nom de domaine, et seulement 15,31 % par un rejet de la plainte déposée par le titulaire de la marque.

Il y a plusieurs explications à ces chiffres sans nuance. La marque est un signe distinctif plus ancien que le nom de domaine. Dans la mesure où ce type de litige se résout par l'antériorité, il n'est pas illogique que la marque l'emporte. D'autant que l'initiative de la procédure revient toujours au titulaire de la marque, lequel a évalué ses chances de succès avant d'agir. Une autre explication, avancée par les adversaires de ce système, est que l'OMPI, et plus généralement le système mis en place par l'Icann, est globalement favorable aux titulaires de marque.

Cependant, les statistiques ne disent pas tout, et l'affirmation selon laquelle le nom de domaine perd systématiquement contre la marque mérite d'être nuancée. Un nom de domaine peut parfois opposer une antériorité au dépôt d'une marque. Dans un arrêt du 18 octobre 2000, la cour d'appel de Paris a assimilé le nom de domaine au régime des noms commerciaux dans un raisonnement *a contrario*, en considérant que « le nom de domaine, compte tenu de sa valeur commerciale pour l'entreprise qui en est propriétaire, peut justifier une protection contre les atteintes dont il fait l'objet ». La cour ajoutait : « [E]ncore faut-il que les parties à l'instance établissent leurs droits sur la dénomination

---

1. TGI de Paris, ordonnance de référé, 13 octobre 1997, SG2/Brokat Informations Systems Gmbh.
2. Remplacée par le règlement du Conseil de l'Union européenne 44/2000 du 22 décembre 2000, avec effet depuis le 1er mars 2002.

revendiquée, l'antériorité de son usage par rapport au signe contesté et le risque de confusion que la diffusion de celui-ci peut entraîner dans l'esprit du public. »

Bien que le titulaire du nom de domaine ne l'ait pas emporté dans cette affaire, les juges évoquaient ici l'application possible des dispositions de l'article L711-4 du Code de la propriété intellectuelle, qui disposent que « ne peut être adopté comme marque un signe portant atteinte à des droits antérieurs et notamment [...] à un nom commercial ou à une enseigne connus sur l'ensemble du territoire national, s'il existe un risque de confusion dans l'esprit du public ».

Enfin, il convient de préciser que la protection attachée au nom de domaine est conditionnée à l'exploitation effective du nom de domaine par la personne qui s'en prévaut[1].

Conflit nom de famille ou de commune/nom de domaine

Le 13 mars 2000, le tribunal de grande instance de Nanterre s'est prononcé sur un nom de domaine qui comprenait le nom patronymique d'Amélie Mauresmo, la championne française de tennis. Le tribunal a considéré que « le nom est un droit de la personnalité qui fait l'objet à ce titre d'une protection permettant à son titulaire de le défendre contre toute appropriation indue de la part d'un tiers lorsque celui-ci, par l'utilisation qu'il en fait, cherche à tirer profit de la confusion qu'il crée dans l'esprit du public [...]. En répertoriant les sites Internet qu'il a créés sous des noms de domaine utilisant le nom patronymique de la demanderesse, [le défendeur] s'approprie sans son consentement un attribut de sa personnalité dans des conditions de nature à semer la confusion dans l'esprit du public. En effet, en se connectant à l'un de ces sites, tout internaute peut légitimement se croire sur un site ouvert ou au moins contrôlé par la championne, ce qui n'est pas le cas ».

Dans le même sens, le centre de médiation et d'arbitrage de l'OMPI a rendu plusieurs décisions concernant des sportifs qui avaient vu leur nom utilisé par des noms de domaine déposés par des tiers, notamment *venusandserenawilliams. com*. De même, le président du tribunal de grande instance de Paris a ordonné en référé, le 24 septembre 2007, le transfert du nom de domaine *delanoe2008.com* à l'actuel maire de Paris. En l'espèce, le défendeur s'était approprié le patronyme de Bertrand Delanoë dans le but de

---

1. TGI de Nanterre, 4 novembre 2002.

tirer profit de la notoriété attachée à l'élu pour augmenter le nombre de visites sur son site.

En résumé, le nom de famille, droit de la personnalité, prévaut et ne peut être repris comme nom de domaine par un tiers. Il en va de même de la protection du nom d'une collectivité territoriale, laquelle est susceptible d'être mise en œuvre chaque fois que l'usage du nom entraîne un risque de confusion avec les attributions de la collectivité territoriale ou est de nature à lui porter préjudice ou à porter préjudice à ses administrés. C'est ce risque de confusion qui a fait défaut à la commune de Levallois-Perret pour faire interdire en référé[1] la diffusion du site *www.levallois.tv*.

C'est un enjeu important pour les collectivités territoriales que de faire enregistrer leur nom en tant que marque à l'INPI, associé à une stratégie d'enregistrement des noms de domaine. L'attribution des noms de domaine au profit des collectivités territoriales a d'ailleurs été récemment renforcée par un décret[2] du 6 février 2007, qui prévoit notamment que le nom de domaine d'une collectivité locale peut uniquement être enregistré par cette collectivité comme nom de domaine de premier niveau correspondant au territoire national (*.fr*), sauf autorisation de l'assemblée délibérante.

OpenID, ou l'URL comme système d'identité numérique global

Au chapitre 1, nous avons défini l'URL (Uniform Resource Locator) comme une chaîne de caractères utilisée pour fournir une adresse à n'importe quelle ressource Internet. Nous avons vu que l'URL *http://www.lemonde.fr/web/article/0,1-0@2-3388,36-875325,0.html*, était composée du protocole de communication utilisé (*http*), du nom de domaine (*lemonde.fr*) et du chemin d'accès vers la page souhaitée (*web/article/0,1-0@2-3388,36-875325,0.html*).

Le système d'identité numérique OpenID est issu du monde du logiciel libre (d'où le terme « Open »). Du point de vue de l'utilisateur, le besoin est de se connecter avec une seule identité à quantité de services différents ; du point de vue du fournisseur de service, il est d'offrir ses services à des utilisateurs qu'il a authentifiés, même si ceux-ci ne sont que de passage.

---

1. TGI de Nanterre, ordonnance de référé, 30 janvier 2007.
2. Décret n° 2007-162 du 6 février 2007.

À ce jour, à défaut d'un système d'identité global, chaque fournisseur de service exige de l'utilisateur la déclaration d'une identité, qui est la plupart du temps éphémère et en laquelle le fournisseur de service a peu confiance. Avec OpenID, un fournisseur d'identité authentifie préalablement l'utilisateur (à l'image de la société Orange, qui propose OpenID à ses abonnés) et lui attribue une URL (*openid. orange.fr/un_identifiant _choisi_par_lutilisateur*).

Après que l'utilisateur lui a déclaré cette URL, le fournisseur de service vérifie en temps réel et en ligne l'identité (l'URL qui lui a été déclarée) auprès du fournisseur d'identité (Orange). Le fournisseur de service peut même disposer de certaines informations sur l'individu en question (les informations collectées par Orange que l'individu a accepté de transférer aux fournisseurs de service compatibles OpenID), qui lui sont transférées par le fournisseur d'identité.

OpenID est ainsi un système d'identité numérique totalement fondé sur l'URL[1]. Ce système d'identité a pour ambition d'être un système global. Cela signifie qu'une fois cette identité créée, son titulaire est capable de se connecter à tous les services compatibles avec OpenID. L'individu n'a plus à créer une nouvelle identité à chaque service qu'il souhaite utiliser.

OpenID est un système d'identité décentralisé, dans lequel l'authentification permettant l'accès à un fournisseur de service supportant OpenID est relayée au fournisseur d'identité. En outre, l'URL qui individualise une identité peut être attribuée par une multitude de fournisseurs d'identité et non un seul.

OpenID s'appuie sur des technologies Internet non propriétaires, c'est-à-dire n'appartenant pas à une entité, et surtout ouvertes. Aussi tout candidat à ce standard est-il capable, avec quelques bouts de codes informatiques, d'implémenter OpenID sur son service ou même de devenir un fournisseur d'identité OpenID. OpenID se fonde également sur le DNS, c'est-à-dire sur un système qui a fait ses preuves et qui peut donner confiance.

---

1. *www.openid.net.*

Parmi les faiblesses d'OpenID, on retient justement qu'il s'appuie sur le système DNS. Comme nous le verrons au chapitre VIII, le DNS est entre les mains d'une société de droit américain, l'Icann, elle-même sous le contrôle du gouvernement des États-Unis. L'autre faiblesse d'OpenID est son manque de convivialité. L'URL est plus difficile à retenir qu'un simple pseudo.

Une autre faiblesse de ce système réside dans les risques de phishing ou d'hameçonnage. On peut en effet imaginer qu'une des fraudes du système OpenID consiste à détourner l'utilisateur ou le fournisseur de service du fournisseur d'identité vers lequel il se dirige pour authentifier l'utilisateur.

En dépit de ses faiblesses, OpenID, qui en est encore au stade expérimental, constitue un système d'identité numérique global très prometteur.

En conclusion

Les relations entre identité numérique et propriété intellectuelle sont complexes. D'un côté, la propriété intellectuelle vient au secours de l'identité numérique lorsque les pseudos ou les noms de domaine sont déposés à titre de marque. D'un autre côté, l'identité numérique n'est pas à l'abri d'un conflit avec la propriété intellectuelle. En témoignent les abondants litiges entre marques et noms de domaine traités par les tribunaux ou les institutions internationales de règlement des conflits depuis plus de dix ans.

Cette situation est la conséquence du positionnement particulier de l'identité numérique et de l'absence d'un système d'identité numérique global et obligatoire. Les identifiants isolés sont la proie de tous les litiges liés à la propriété intellectuelle. S'ils étaient regroupés au sein d'un système cohérent, ils s'en trouveraient relativement protégés. Dans le monde réel, l'identité est relativement protégée de ce type de conflit en ce qu'elle est garantie par l'État, recensée dans des registres publics, etc.

Pourtant, le système d'identité OpenID, entièrement fondé sur une URL et un nom de domaine, paraît aujourd'hui apte à constituer le système d'identité numérique global qui fait aujourd'hui défaut à Internet. À condition que le nom de domaine résolve au préalable ses problèmes avec la propriété intellectuelle.

Chapitre VI

Statut juridique
du mot de passe

Le syndicat des hôteliers de la ville de Nice a établi un fichier, appelé Scapotel, constitué de la liste des personnes n'ayant pas réglé leur facture dans les hôtels de la ville affiliés au syndicat[1]. Ce type de liste noire consiste à recenser les débiteurs dans une profession ou une activité afin de prévenir d'autres impayés. Cette pratique courante est légale, à condition de respecter un certain nombre d'obligations contrôlées par la Commission nationale de l'informatique et des libertés (CNIL).

Ces listes noires ont leur utilité économique. Mais, dans la mesure où ce sont des listes d'exclusion, elles font l'objet d'une surveillance toute particulière de la CNIL, qui, depuis la réforme de 2004[2], doit préalablement les avoir autorisées.

La CNIL s'est saisie en 1988 du cas des hôteliers de la ville de Nice. Elle a d'abord constaté que la déclaration qui lui a été adressée par le syndicat était postérieure à la mise en œuvre du fichier, alors que la loi du 6 janvier 1978 relative à l'informatique, aux fichiers et aux libertés exige que cette déclaration soit préalable.

Le fichier du syndicat était donc en infraction, mais pas plus que des millions d'autres en circulation dans le pays, qui sont soit déclarés avec

---

1. CNIL, délibération n° 88-78, 5 juillet 1988.
2. Loi n° 78-17 du 6 janvier 1978, modifiée par la loi n° 2004-801 du 6 août 2004.

retard, soit pas déclarés du tout. Les mauvaises langues prétendent que les seconds n'ont jamais maille à partir avec la CNIL, à la différence des premiers.

Dans sa délibération du 5 juillet 1988, la CNIL a vertement critiqué les mesures de sécurité mises en place pour accéder à ce traitement sensible. Aux termes de la loi de 1978, les questions de sécurité sont au centre des préoccupations de la CNIL. Un niveau de sécurité minimal est obligatoire pour accéder aux traitements qui enregistrent des données à caractère personnel : « Le responsable du traitement est tenu de prendre toutes précautions utiles, au regard de la nature des données et des risques présentés par le traitement, pour préserver la sécurité des données et, notamment, empêcher qu'elles soient déformées, endommagées, ou que des tiers non autorisés y aient accès[1]. »

La notion de « précautions utiles » est plutôt lâche, voire floue. Pourtant, le manquement aux « précautions utiles » est puni par le Code pénal de cinq ans d'emprisonnement et de 300 000 euros d'amende[2]. C'est la notion de « précautions utiles » rapportées au traitement déclaré avec retard par le syndicat des hôteliers de la Nice que la CNIL a contrôlée. Ce faisant, elle a posé des règles relatives aux mots de passe.

La commission a déclaré que les mesures de sécurité étaient insuffisantes pour réserver l'accès aux fichiers aux seuls hôteliers affiliés au syndicat, faisant remarquer que « la base de données était accessible grâce à un mot de passe de quatre caractères seulement ».

La commission a en outre fait remarquer qu'« aucune interruption de services n'était prévue en cas de saisies successives de mots de passe erronés, ce qui permettait d'effectuer un nombre indéfini d'essais pour tenter d'accéder aux informations contenues dans le fichier ».

De cette délibération de la CNIL, les commentateurs ont retenu, par raisonnement a contrario, qu'elle considérait comme conforme à la loi un

---

1. Art. 34 de la loi n° 78-17.
2. Art. 226-17 du Code pénal : « Le fait de procéder ou de faire procéder à un traitement de données à caractère personnel sans mettre en œuvre les mesures prescrites à l'article 34 de la loi n° 78-17 du 6 janvier 1978 précitée est puni de cinq ans d'emprisonnement et de 300 000 euros d'amende. »

mot de passe composé de plus de quatre caractères ainsi qu'une interruption de services obligatoire pour toute saisie successive et erronée de mots de passe.

L'authentification

Dans le monde informatique, l'authentification se définit comme une méthode, un moyen ou une technique permettant de vérifier l'identité de personnes et parfois de machines ou de programmes d'ordinateur qui s'exécutent. Identifiant, mot de passe (*password*), code confidentiel, biométrie, etc. : quantité de moyens d'authentification permettent de contrôler l'accès à un système d'information. Notre propos n'est pas de les recenser tous d'un point de vue technique. Nous n'abordons que la technique d'identification la plus répandue, l'accès par saisie d'un mot de passe.

Dans de très nombreux cas, l'identifiant et le mot de passe ou le mot de passe seul constituent la clef d'accès au système d'information. Le mot de passe est le passage quasi obligé pour accéder au téléphone mobile, à l'ordinateur personnel ou de travail, au PDA, au réseau d'entreprise, etc. Dans le contexte de ce livre, nous considérons comme identiques les expressions « mot de passe » et « code confidentiel ». Ce sont les clefs pour s'authentifier et obtenir l'accès à un système d'information.

L'authentification est un des piliers de la sécurité informatique. Dans le monde réel, les techniques d'authentification à l'entrée des entreprises, des immeubles, des appartements, des lieux publics sont des plus variées. L'apparence ou la connaissance visuelle de la personne, le son de sa voix à l'interphone ou au téléphone, sa façon de se comporter, de se tenir, peuvent jouer ce rôle. Badges d'accès et saisie de codes y sont également courants. À l'inverse, il existe quantité de situations ou d'actions pour lesquelles aucune authentification n'est exigée.

Dans le monde informatique, et plus particulièrement dans celui des réseaux, le recours à une authentification technique est obligatoire. Comme la signature manuscrite, le couple identifiant/mot de passe détenu par la personne qui se présente à l'accès d'un système d'information sert à cette authentification.

Le mot de passe

Le mot de passe n'a pas de définition légale ni juridique. Les experts déterminent de manière empirique ce que devrait être un bon mot de passe. L'efficacité du mot de passe dépend en fait essentiellement des choix de l'utilisateur[1]. On considère généralement qu'il doit être personnel et alphanumérique, c'est-à-dire composé de lettres et de chiffres, voire de caractères spéciaux. Il doit être en outre imprononçable et ne pas figurer dans un dictionnaire.

La CNIL considère qu'il doit être constitué de plus de quatre caractères et de préférence d'au moins huit. Huit caractères bien choisis parmi les quatre-vingt-quinze caractères ASCII offrent 6,6 millions de milliards de combinaisons possibles[2]. Un mot de passe est dit « statique » lorsqu'il est valable un certain temps, jusqu'à ce que l'utilisateur décide d'en changer. Il est dit « dynamique » ou « à usage unique » ou encore « jetable » lorsqu'il n'est valable que le temps d'une connexion.

Comme nous l'avons vu en préambule, des mécanismes de lutte contre la fraude doivent être prévus, tels que l'interruption du service en cas de saisie erronée répétée, généralement trois fois d'un mot de passe.

Sur le plan juridique, le mot de passe présente un certain nombre de caractéristiques qui peuvent, au final, constituer son statut.

Confidentialité

Le mot de passe est réservé à une personne ou un groupe de personnes. Il est donc par essence, confidentiel. La pratique consistant à écrire sur un stick collé sur le côté de l'écran de l'ordinateur l'identifiant et le mot de passe servant à contrôler l'accès à un système quel qu'il soit est non seulement un manquement aux règles élémentaires de la sécurité informatique, mais aussi une faute au sens juridique.

---

1. *www.securite-informatique.gouv.fr*, « Les dix commandements ».
2. *http://www.journaldunet.com/solutions/0205/020527_bon_password. shtml*.

L'obligation de confidentialité est régulièrement rappelée à l'utilisateur dans les contrats qui le lient au maître du système. La société Orange rappelle dans ses conditions générales d'abonnement professionnel à Internet que « l'ensemble des éléments permettant au client de s'identifier et de se connecter au service sont personnels et confidentiels[1] ».

Le manquement à cette obligation juridique n'est pas sans conséquence. Si un abonné ne la respecte pas et qu'il se trouve victime d'un accès frauduleux, l'opérateur peut parfaitement dégager sa responsabilité. En outre, le client engage sa responsabilité si ce manquement a causé un préjudice à un tiers. Par exemple, si un accès frauduleux est la conséquence d'un manquement à l'obligation de confidentialité d'un abonné d'Orange et que cet accès a permis à un individu d'entrer en possession d'informations confidentielles appartenant à des tiers, la responsabilité du négligent peut être engagée. Au final, c'est cet abonné négligent qui pourrait avoir à réparer le préjudice subi en payant des dommages et intérêts auxquels un tribunal l'aurait condamné.

Détenteur légitime

Le mot de passe a un détenteur légitime. C'est souvent au sein de l'entreprise que cette caractéristique est rappelée. Chaque salarié se voit attribuer un mot de passe pour accéder à une ressource informatique, ordinateur, intranet, etc. Dans sa gestion juridique de l'identité, l'employeur attribue des droits d'accès à ce mot de passe, lesquels peuvent être différenciés selon le service ou le niveau hiérarchique du salarié.

Outrepasser ou bafouer les droits du détenteur légitime du mot de passe est une faute qui peut justifier le licenciement du salarié. Dans un arrêt rendu le 21 décembre 2006[2], la chambre sociale de la Cour de cassation a confirmé que le comportement d'un salarié qui avait tenté sans motif légitime et par emprunt du mot de passe d'un autre salarié de se connecter « sur le poste informatique du directeur de la société » pouvait justifier un licenciement pour faute grave.

---

1. Internet Pro Orange, conditions générales, art. 11 (décembre 2007).
2. Cass., chambre sociale, 21 décembre 2006, pourvoi n° 05-41165, inédit.

Moyen de preuve

Le mot de passe est un moyen de preuve. Il peut être retenu par les parties dans leur contrat pour constituer un moyen de preuve. C'est ce qu'on appelle une « convention de preuve ». Cette pratique est reconnue par la loi depuis 2000[1] et figure à l'article 1316-2 du Code civil, qui dispose que « lorsque la loi n'a pas fixé d'autres principes, et à défaut de convention valable entre les parties, le juge règle les conflits de preuve littérale en déterminant par tous moyens le titre le plus vraisemblable, quel qu'en soit le support ».

Quantité de contrats et de chartes stipulent que « la saisie du mot de passe confidentiel remis à l'utilisateur vaudra preuve de l'utilisation du système entre les parties ». Cette disposition est une « convention valable » au sens de la loi. Le mot de passe devient dans ces conditions le moyen de preuve décidé par les parties.

Ce moyen de preuve peut cependant être contesté, car il se heurte à un autre grand principe du droit français, celui selon lequel on ne peut s'offrir une preuve à soi-même. Or le mot de passe est souvent enregistré sur un équipement contrôlé en totalité par la personne qui peut avoir intérêt à prouver un usage par ce moyen. Les tentations de manipuler la preuve et la facilité avec laquelle peut être opérée cette manipulation pourraient rendre suspecte la production du moyen de preuve.

C'est alors à l'autre partie d'apporter des éléments de contestation, lesquels peuvent être parfaitement entendus par le juge. Si ces éléments sont trop techniques et que la contestation de la preuve conditionne pour l'essentiel l'issue du litige, le juge peut recourir à un expert technique, le plus souvent inscrit sur des listes d'experts agréés par les cours d'appel ou la Cour de cassation.

Au final, et dans tous les cas, la parole est au juge. C'est lui qui appréciera le moyen de preuve rapporté. La loi lui impose une seule contrainte. Il ne peut rejeter un mode de preuve au seul motif de sa forme. Pour rejeter une preuve, il doit motiver son rejet. Pour cette raison, les plaideurs s'efforcent d'apporter devant les tribunaux des preuves électroniques

---

1. Loi n° 2000-230 du 13 mars 2000 portant adaptation du droit de la preuve aux technologies de l'information et relative à la signature électronique.

dans des formes familières aux juges et s'aident pour cela notamment d'huissiers de justice et d'experts agréés auprès des tribunaux.

Signature

Le mot de passe est une signature. La carte bancaire est un exemple fameux de ce type de signature. Stipulée au contrat qui lie le client à sa banque, la saisie du code confidentiel vaut engagement du client à donner un mandat irrévocable à la banque de payer le commerçant concerné. Le mot de passe dépasse ici le statut de moyen d'authentification pour déborder sur celui, classique pour une signature, de preuve d'engagement.

Protection du mot de passe par la loi

Dans de très nombreux cas, le couple identifiant/mot de passe ou le mot de passe seul constitue la clef d'accès au système d'information. Or l'accès à un système d'information est protégé par la loi. Un délit spécifique punit le fait d'accéder frauduleusement à un système d'information, appelé STAD (système de traitement automatisé de données).

L'accès frauduleux à un STAD est le délit pénal « traditionnel » de la cybercriminalité. Ce délit, constitué par le « fait d'accéder ou de se maintenir frauduleusement dans tout ou partie d'un système de traitement automatisé de données[1] », est puni des peines maximales de deux ans d'emprisonnement et de 30 000 euros d'amende.

C'est l'accès non autorisé en lui-même qui est sanctionné, qu'il y ait eu ou non des dommages dans le système ou dans les données stockées sur le système[2]. La loi ne précise pas s'il est obligatoire que le système

---

1. Art. 323-1 du Code pénal. Le délit a été créé et introduit dans le code pénal par la loi n° 88-19 du 5 janvier 1988 relative à la fraude informatique, dite « loi Godfrain », du nom du député qui l'a proposée.
2. Si l'accès frauduleux a engendré des dégâts involontaires, c'est l'alinéa 2 de l'article L321-1 du Code pénal qui s'applique, lequel double la peine maximale susceptible d'être prononcée. Cet article dispose que « lorsqu'il en est résulté [de l'accès fraudu-leux] soit la suppression ou la modification de données contenues dans le système, soit une altération du fonctionnement dans ce système, la peine est de deux ans d'emprisonnement et 30 000 euros d'amende ». Si les dégâts sont volontaires, on applique l'article L321-2 du même code.

d'information comporte une protection technique. Elle ne précise donc pas si l'accès au système doit être contrôlé, notamment par la technique du mot de passe. Dans les faits, cependant, deux raisons au moins poussent à affirmer que la faculté donnée à l'utilisateur d'un système de disposer d'un moyen d'authentifier les accès, notamment par la technique du mot de passe, est obligatoire.

La première de ces raisons tient à l'application du délit d'accès frauduleux à un STAD. Pour que le délit s'applique, l'accès doit être intentionnel, c'est-à-dire que le délinquant doit avoir conscience qu'il accède sans droits et non par erreur au STAD. Dans ces conditions, l'usurpation d'un identifiant/mot de passe établirait sans contestation possible la preuve de l'élément intentionnel du délit. Par exemple, si le délinquant a « cassé » un mot de passe de quelques caractères en saisissant toutes les combinaisons possibles, ces essais ont laissé des traces dans le système d'information qui prouvent son intention. À défaut d'un mot de passe, la preuve de l'intention délictuelle est plus difficile à rapporter.

Mais la jurisprudence va plus loin et semble pousser vers la présence obligatoire d'une protection minimale à l'entrée des systèmes d'information. C'est l'affaire dite Kitetoa qui, la première[1], a posé ce principe. À l'occasion de visites sur le site d'une grande société française, l'animateur du site Kitetoa a découvert une faille de sécurité qui lui donnait accès à une base de données de quatre mille noms. Il a rapporté sa découverte sur son site sans que quiconque s'en émeuve particulièrement[2].

Quelques mois plus tard, le magazine *Newbiz* rendait compte de l'affaire, déclenchant un dépôt de plainte de l'éditeur du site incriminé pour accès et maintien frauduleux dans un STAD. En première instance, les juges ont considéré l'infraction réalisée. Leur argumentation était la suivante :

> Attendu que le prévenu a déclaré qu'une fonction du navigateur Netscape permettait d'afficher l'ensemble du contenu du serveur [XXX] ; qu'il a indiqué à titre de démonstration lors de son interrogatoire par les services de police avoir procédé à une copie d'écran démontrant qu'à partir de la page d'accueil du site [XXX], il choisissait les fonctions

---

1. CA de Paris, 12ᵉ chambre, 30 octobre 2002, Kitetoa/Tati, *www.leglais.net.*
2. Un « hacker blanc », qui peut toujours être vu et lu à l'adresse *www.kitetoa.com.*

« communicator » puis « outils du serveur », puis « service de la page », fonctionnalités présentes sur tous les navigateurs Netscape ; que dans « services de la page », l'ensemble du contenu du serveur s'affichait sous forme d'arborescence ; qu'en consultant les liens HTML, il avait trouvé notamment le listing de clients apparaissant dans le journal *Newbiz*, fichier de type «. mdb » dans lequel la société T. enregistrait le résultat de questionnaires posés aux internautes, dans lequel apparaissaient les noms, adresses et autres données personnelles des visiteurs du site ayant bien voulu répondre à des questions personnelles, fichier qui comportait selon lui environ 4 000 entrées […] ; qu'en accédant à plusieurs reprises au fichier litigieux et en le téléchargeant, le prévenu, qui fait d'ailleurs état dans ses déclarations de la loi qui fait obligation aux sociétés de protéger les données nominatives collectées, avait nécessairement cons-cience que son accès et son maintien dans le site de la société T étaient frauduleux ; qu'il y a lieu en conséquence d'entrer en voie de condam-nation à son encontre.

Considérant l'absence de protections des pages Web auxquelles il avait accédé et l'absence d'agissements caractéristiques d'une volonté de nuire, le tribunal a condamné le prévenu à une amende de 1 000 euros avec sursis, ce qui constitue une condamnation très légère. Sur le plan du principe, le parquet général a considéré le jugement comme insatisfaisant et interjeté appel le 28 mars 2002.

Dans un communiqué de presse du 4 avril 2002 – une procédure assez inhabituelle –, le procureur général a expliqué que « cet appel [avait] pour but de permettre à la cour d'appel de se prononcer sur la défini-tion et la portée du délit d'accès et de maintien frauduleux dans un système ». Or l'arrêt qui allait être rendu comportait une évolution majeure. Les juges d'appel relevaient que « considérant que […] il ne peut être reproché à un internaute d'accéder ou de se maintenir dans les parties des sites qui peuvent être atteintes par la simple utilisation d'un logiciel grand public de navigation, ces parties de site […] devant être réputées non confidentielles à défaut de toute indication contraire et de tout obstacle à l'accès […] ».

L'évolution majeure tient à ce que les juridictions avaient plusieurs fois eu l'occasion de dire que la présence ou non d'un système de sécurité était indifférente pour la commission du délit d'accès frauduleux à un

STAD. Même en cas d'absence de code d'accès ou de mot de passe, même en présence d'une faille de sécurité manifeste, le délit était réalisé. La doctrine justifiait cette position en rappelant que « même une porte ouverte dans un domicile ne doit pas donner droit d'accès et de maintien dans ce domicile ».

Cependant, l'avènement d'Internet a considérablement élargi la typologie des actes couverts par ce délit. Un site Internet peut voir se côtoyer, sur une même machine et dans un environnement proche, des parties de site qui ne sont pas destinées au public, et qui pourtant se trouvent, par erreur ou incompétence, en accès libre, et d'autres parties publiques. Fallait-il considérer l'internaute de Kitetoa comme un délinquant au sens de l'article 323-1 du Code pénal lorsqu'il avait accédé à une partie d'un site non sécurisée par erreur ?

La cour d'appel a répondu par la négative, en posant trois critères à cette nouvelle situation :

- L'internaute a accédé à des parties de site qui ne lui étaient pas destinées au moyen d'un simple logiciel de navigation, sans utilisation d'outils particuliers venant forcer un passage ou une entrée.

- Il y a bien eu constatation d'une faille de sécurité. En quelque sorte, la cour a entendu faire peser la responsabilité de cette « erreur » non sur l'internaute lui-même mais sur l'éditeur du site défaillant.

- Rien n'indiquait à l'internaute que ces parties du site visité lui étaient interdites, aucune « indication contraire », ni « aucun obstacle à l'accès » n'y figurant.

Par le dernier critère, les juges ont semblé considérer que si le propriétaire d'un système voulait bénéficier de la protection de la loi, il devait au minimum installer une authentification à l'accès, notamment par identifiant et mot de passe. Cette évolution majeure fut accueillie de manière plutôt positive à l'époque[1]. Au final, les tribunaux ont accordé au mot de passe une place privilégiée dans le dispositif juridique de protection des systèmes d'information.

---

1. Jérôme THOREL, *ZD Net*, *http://www.zdnet.fr/actualites/internet/0,39020774, 2104590,00.htm.*

Authentification faible/forte

L'authentification d'un utilisateur à l'entrée d'un système d'information se fait habituellement selon au moins l'un des trois critères suivants :

- Ce que sait l'utilisateur.
- Ce que possède l'utilisateur.
- Ce qu'est l'utilisateur.

Ce que sait le candidat à l'accès est le plus souvent un identifiant (*login*) et un mot de passe géré par un système autonome. Ce qu'il possède peut être une carte physique, comme la carte bancaire. Ce qu'il est renvoie à la technologie biométrique.

On parle d'authentification forte dès lors qu'au moins deux de ces trois critères se combinent pour contrôler l'accès à un système. Par exemple, la carte bancaire dispose d'une authentification forte pour contrôler l'accès en ce que la personne qui se présente devant un distributeur automatique de billets doit posséder une carte et connaître le code confidentiel lui permettant d'accéder au réseau.

De toutes les technologies ou systèmes précités, c'est la biométrie qui suscite le plus de controverses[1]. Cette technologie fait appel aux caractéristiques physiques de ceux qui détiennent un droit d'accès. On parle alors de reconnaissance biométrique, dont le principe est des plus simples : chacun est à soi-même son propre authentificateur. De l'empreinte digitale au contour de la main ou à l'empreinte vocale en passant par l'empreinte rétinienne ou faciale, toutes les reconnaissances physiques sont en théorie admissibles.

Les experts techniques mettent au passif de cette technologie son coût et la question de sa révocation. Face à une personne qui a subtilisé un mot de passe ou une signature électronique, le titulaire du mot de passe ou de la signature peut facilement le remplacer ou le révoquer. La chose semble plus complexe avec une empreinte digitale ou rétinienne. Si un tiers s'approprie une identité biométrique de type empreinte digitale ou

---

1. Olivier Iteanu, « Biométrie, une technologie sous surveillance », *Journal du Net*, 9 février 2005.

identité visuelle, il peut, au moyen de cette identité, passer tout type d'acte au nom de la victime. Comment cette dernière peut-elle révoquer sa propre empreinte digitale ou son identité visuelle ?

Les experts en sécurité sont partagés sur la question, même si, en majorité, ils semblent considérer que cette révocation est possible. C'est qu'il existe une troisième dimension à la biométrie : son aspect légal. Cette technologie étant associée à un individu personne physique, elle manipule des données qui sont qualifiées de données à caractère personnel, c'est-à-dire, selon la définition posée par la loi n° 2004-801 du 6 août 2004, une « information relative à une personne physique identifiée ou qui peut être identifiée, directement ou indirectement, par référence à un numéro d'identification ou à un ou plusieurs éléments qui lui sont propres ». En cela, tout traitement portant sur la reconnaissance biométrique entre dans le champ d'investigation de la CNIL. Plus encore, tout traitement biométrique doit faire l'objet d'une autorisation préalable de la CNIL.

Dans deux délibérations rendues le même jour, le 8 avril 2004[1], la CNIL a fixé quelques points de repères qui démontrent la vigilance dont elle fait preuve face à cette technologie. Dans la première délibération, le centre hospitalier d'Hyères envisageait de mettre en œuvre un traitement personnel consistant à horodater les entrées et sorties de son personnel en s'appuyant sur un dispositif de reconnaissance de l'empreinte digitale.

La CNIL a émis un avis défavorable motivé par deux types d'arguments : d'une part, elle a critiqué la centralisation des données biométriques sur un serveur, y voyant une solution qui « n'est pas de nature à garantir la personne concernée de toute utilisation détournée de ses données biométriques ». D'une manière générale, la CNIL n'autorise que les dispositifs où l'empreinte digitale est enregistrée exclusivement sur un support individuel (carte à puce, clé USB), et non dans une base centralisée. Elle a considéré que « seul un impératif de sécurité [était] susceptible de justifier la centralisation de données biométriques ». D'autre part, elle s'est fondée sur une disposition insérée dans le Code du travail

---

1. Délibérations n° 04-017 et 04-018, *www.cnil.fr*.

selon laquelle « nul ne peut apporter aux droits des personnes et des libertés individuelles ou collectives des restrictions qui ne seraient pas justifiées par la nature de la tâche à accomplir ni proportionnée au but recherché[1] » et a conclu, dans le cas du centre hospitalier d'Hyères, à un traitement disproportionné par rapport à la finalité recherchée, qui était la gestion du temps de travail.

Dans la seconde délibération du même jour, la CNIL a donné un avis favorable à l'établissement public Aéroports de Paris pour un système de contrôle d'accès aux zones réservées, dites de sûreté, des aéroports d'Orly et de Roissy. Logiquement et compte tenu de la première délibération, la commission a retenu que « seules [étaient] enregistrés sur le badge le gabarit biométrique, le numéro du badge et le code PIN associé au badge », notant par là que les données biométriques résidaient sur la personne et que, au regard de l'application concernée, « ces données [étaient] adéquates, pertinentes et non excessives ».

Ces deux délibérations ont été rendues sous l'empire de l'ancienne loi de 1978. Il n'y a toutefois aucune raison que les règles de fond qu'elles posent ne soient pas prises en compte aujourd'hui, ce qu'a confirmé la CNIL dans un communiqué de presse du 5 janvier 2007. La biométrie est une technologie sans doute utile à l'authentification, mais son usage doit obéir à des règles légales.

En conclusion

Nous vivons au quotidien avec le mot de passe. Les procédures d'identification par mot de passe sont aujourd'hui indispensables pour protéger l'accès, l'intégrité et la confidentialité des systèmes d'information.

Ce succès résulte incontestablement du rapport efficacité/coût/difficulté de mise en œuvre remarquable qu'offre le mot de passe. Mais à la différence des autres modes d'identification, la sécurité offerte par le mot de passe est variable et aléatoire. Cet aléa dépend de l'utilisateur lui-même, qui en fait le choix : long, varié, différent pour chaque service, changé

---

1. Art. L120-2 du Code du travail.

régulièrement, tenu strictement confidentiel, le mot de passe offrira une sécurité importante. Dans le cas contraire, ce dernier n'offrira qu'une protection insuffisante et, pire encore, illusoire.

Sur Internet, cette difficulté est aggravée par l'absence de système d'identité global, qui contraint les utilisateurs à devoir user d'un mot de passe distinct pour chaque service qu'ils souhaitent utiliser. Dans ces conditions, il est tentant de n'utiliser qu'un seul et même mot de passe pour l'ensemble de ces services en ligne. On en perçoit immédiatement le danger : en cas de compromission du mot de passe pour quelque cause que ce soit, l'identité de l'utilisateur peut s'en trouver aisément usurpée.

C'est pourquoi, lorsque l'accès à un système d'information est sensible, l'authentification dite forte est indispensable. Le manque de crédit attaché au mot de passe étant alors complété par d'autres éléments, comme une carte à puce, que seul l'utilisateur autorisé est censé avoir en sa possession.

Chapitre VII

La carte d'identité dans le réseau

Victor Hugo, extraits des Misérables :

Le point de départ comme le point d'arrivée de toutes ses pensées était la haine de la loi humaine ; cette haine qui, si elle n'est arrêtée dans son développement par quelque incident providentiel, devient, dans un temps donné, la haine de la société, puis la haine du genre humain, puis la haine de la création, et se traduit par un vague et incessant et brutal désir de nuire, n'importe à qui, à un être vivant quelconque.

Comme on le voit, ce n'était pas sans raison que le passeport qualifiait Jean Valjean d'homme très dangereux [...].

Pendant qu'il travaillait, un gendarme passa, le remarqua, et lui demanda ses papiers.

Il fallut montrer le passeport jaune.

Cela fait, Jean Valjean reprit son travail.

Un peu auparavant, il avait questionné l'un des ouvriers sur ce qu'ils gagnaient à cette besogne par jour ; on lui avait répondu : trente sous.

Le soir venu, comme il était forcé de repartir le lendemain matin, il se présenta devant le maître de la distillerie et le pria de le payer.

Le maître ne proféra pas une parole, et lui remit vingt-cinq sous.

Il réclama.

On lui répondit : cela est assez bon pour toi.

Il insista.

Le maître le regarda entre les deux yeux et lui dit : gare le bloc (la prison).

Là encore, il se considéra comme volé. La société, l'État, en lui diminuant sa masse, l'avait volé en grand.

Comme Jean Valjean l'a compris à ses dépens, un titre d'identité, quel que soit le nom qu'on lui donne, carte nationale d'identité, passeport jaune, passeport intérieur, etc., est un moyen d'identifier son porteur, mais aussi de le contrôler et de le surveiller. Dans le monde réel, ce titre d'identité est délivré et garanti par l'État. Cependant, cette carte n'est a priori d'aucune utilité sur les réseaux.

Faut-il dès lors imaginer un titre d'identité virtuel de substitution ? Et si oui, qui sera le fournisseur de ce titre d'identité ? Un système d'identité délivre toujours des titres d'identité. Dans l'indifférence quasi générale, se sont créés ces dernières années de puissants outils, gratuits et accessibles à tous, utilisés pour le contrôle d'identité sur Internet. La « googlisation », terme anglais désignant la recherche d'informations sur le moteur de recherche Google, vaut aussi pour la recherche d'informations sur les individus.

Google et les autres moteurs de recherche d'Internet sont en passe de créer une gigantesque base de données à caractère personnel, accessible en permanence et à tous sans condition. Tous les champs figurant sur la CNI (carte nationale d'identité), et même plus, s'y retrouvent. S'y ajoutent désormais les réseaux dits sociaux, tels que Facebook, MySpace, LinkedIn et autres, sur lesquels les internautes répertorient leurs amis, mais aussi se dévoilent parfois. Sommes-nous devenus nos propres Big Brothers ?

Du livret ouvrier à la carte nationale d'identité biométrique

La carte nationale d'identité (CNI) fait aujourd'hui partie du paysage quotidien du citoyen. De la caisse du supermarché à l'ouverture d'une ligne téléphonique mobile, en passant par le contrôle de police, nous sommes habitués à devoir présenter notre CNI. Ce titre d'identité délivré par l'État et lui appartenant a déjà une longue histoire, et une histoire mouvementée. La CNI dans sa forme moderne a mis près d'un siècle à s'imposer[1], et chacune de ses évolutions a donné lieu à des débats de société passionnés, débats auxquels n'a pas échappé son dernier projet de réforme, baptisé INES (identité nationale électronique sécurisée) avec données biométriques.

Le premier titre d'identité apparu en France fut le livret ouvrier. Instauré par un édit de 1749, il était conservé par l'employeur de l'ouvrier et avait pour objectif de sécuriser les engagements de l'ouvrier à l'égard de l'employeur. Il était obligatoire, et, à défaut d'en disposer, l'ouvrier était puni de 1 à 15 francs d'amende et d'un à cinq jours d'emprisonnement.

Le livret ouvrier fut officiellement supprimé en 1890. Le passeport intérieur, le fameux « passeport jaune » de Jean Valjean, fut institué par une loi du 1ᵉʳ février 1789. Son objectif était exclusivement policier. Il s'agissait de contrôler les mouvements et la circulation des populations, et toute personne quittant son lieu de résidence habituelle devait s'en munir.

Après le contrôle social du livret ouvrier et le contrôle policier du passeport intérieur, le contrôle national fut la troisième grande évolution des titres d'identité délivrés par les autorités publiques. À la fin du XIXᵉ siècle, fut instituée l'obligation pour les étrangers de se déclarer à la mairie du lieu de leur domicile[2]. C'est dans ce contexte d'un contrôle renforcé des populations nationales et étrangères, aggravé par deux guerres traumatisantes, la guerre de 1870 perdue contre la Prusse et la Première Guerre mondiale, qu'apparut en septembre 1921, d'abord à Paris, la première « carte d'identité de Français », ancêtre de notre carte d'identité actuelle. Son promoteur était le préfet Robert Leullier. La préfecture de Paris décida d'y faire apposer l'empreinte digitale de son titulaire ainsi que sa photographie.

La carte d'identité de Français fut étendue à toutes les préfectures par un décret du 8 août 1935. Non sans hésitation, l'État décida d'en faire

---

1. Pierre Piazza, *Histoire de la carte nationale d'identité*, Odile Jacob, 2004.
2. Décret du 2 octobre 1888, dit décret Floquet.

un titre facultatif. Notons au passage que tous les titres nationaux d'identité, de la carte d'identité des Français à la carte nationale d'identité d'aujourd'hui, sont facultatifs et que seul le régime de Vichy rendit obligatoire la détention d'une carte d'identité pour toute personne âgée de plus de 16 ans par une loi du 27 octobre 1940. Quelques mois plus tard, Vichy y apposa l'infâme mention « Juif » pour les citoyens juifs ou d'ascendance juive. Le fichier découlant de cette loi fut détruit à la Libération.

Après la guerre et le traumatisme de la collaboration, les autorités publiques mirent un certain temps à établir un projet clair de titre d'identité nationale. Ce n'est que par un décret du 22 octobre 1955[1] que naquit le successeur de la « carte d'identité des Français », sous le nom de « carte nationale d'identité ». C'est le seul document officiel ayant pour objet exclusif de certifier une identité. Cette carte est délivrée sans condition d'âge par les préfets pour une durée de validité de dix ans. Elle a été rendue gratuite en 1998 par le gouvernement Jospin.

Comme indiqué précédemment, et contrairement à une idée répandue, la CNI n'est pas obligatoire. Chaque Français est libre d'en disposer ou non. De plus, aucune loi n'énumère les pièces obligatoires par lesquelles le citoyen doive justifier de son identité. L'article 78-2 du Code de procédure pénale autorise à justifier de son identité auprès de la police « par tout moyen », y compris le témoignage, sans requérir aucun document particulier. Ajoutons qu'en application de l'article R60 du Code électoral, les électeurs peuvent produire à l'occasion d'un scrutin des pièces justificatives aussi diverses qu'un titre de réduction de la SNCF avec photographie ou une carte de fonctionnaire avec photographie[2].

Comment, dans ces conditions, expliquer que les Français se soumettent si facilement à des contrôles de titres d'identité non obligatoires ? La réponse se situe probablement à plusieurs niveaux. Tout d'abord, la détention d'un titre d'identité distingue clairement le citoyen français

---

1. Décret n° 55-1397 du 22 octobre 1955 instituant la carte nationale d'identité.
2. Arrêté du 24 septembre 1998 fixant la liste des pièces d'identité exigées des électeurs au moment du vote dans les communes de plus de cinq mille habitants, *Journal officiel*, 17 octobre 1998.

de l'étranger. La couleur de la CNI, qui a fait l'objet de discussions au moment de son établissement, distingue clairement le titre d'identité français de l'étranger. Cette situation renvoie symboliquement à l'idée d'État-nation, devenue prépondérante dans le cadre d'une identité européenne aux contours flous. Un autre niveau d'explication tient à ce que l'État a lui-même fortement poussé à ce que la carte nationale d'identité soit ressentie comme obligatoire par la population. Il y a à cette volonté publique une raison toute pratique : il a besoin d'identifier ses sujets pour retrouver ses débiteurs.

En 1916, à l'occasion de débats parlementaires, les députés Félix Bouffandeau, Jean Puech et Maurice Ajam défendirent l'uniformisation des titres délivrés par l'État dans les termes suivants : « Il n'est pas indifférent de remarquer que l'État perd, chaque année, des sommes considérables parce qu'il est impossible de retrouver des débiteurs du Trésor qui ont disparu sans acquitter les frais de justice, amendes et condamnations pécuniaires quelconques prononcées contre eux[1]. » On ne saurait être plus clair.

D'autres titres d'identité que la CNI peuplent notre quotidien, à commencer par le passeport. Il s'agit d'un document international de voyage soumis aux normes internationales de l'Organisation civile internationale. Ses conditions de délivrance et de renouvellement sont fixées par un décret du 26 février 2001[2]. La CNI et le passeport restent la propriété de l'État, qui peut les retirer à leur titulaire. Parmi les autres titres d'identité en circulation, le plus usitée est le permis de conduire, lequel ne présente pas une grande sécurité de fabrication et est largement falsifié[3].

Les questions soulevées par l'instauration et l'existence d'un titre public d'identité sont assez peu débattues en France, alors que ces débats existent dans d'autres pays. En Angleterre, il n'existe pas à ce jour de carte d'identité délivrée par l'État. Lorsque, dans les années 1990, le gouvernement

---

1. P. PIAZZA, *Histoire de la carte nationale d'identité, op. cit.*, p. 126.
2. Décret n° 2001-185 du 26 février 2001 relatif aux conditions de délivrance et de renouvellement des passeports.
3. Il y aurait 42 millions de permis de conduire en circulation, dont 2,7 millions de faux, *www.forumatena.org, Newsletter*, n° 3, juillet-août 2007.

britannique envisagea l'instauration d'une telle carte, il dut faire face à une levée de boucliers. Le National Council for Civil Liberties, une organisation de défense des droits de l'homme, y vit « une intolérable atteinte à la liberté individuelle et un encouragement au développement des pires instincts autoritaires de l'État ». La police elle-même, à l'image de l'association des officiers de police, se déclara défavorable au projet, les policiers considérant que l'instauration de cette carte détériorerait les rapports de la police avec la population. Le gouvernement dut renoncer au projet.

En France, le projet d'instauration de la carte d'identité INES (identité nationale électronique sécurisée) avec données biométriques a donné lieu à de vives polémiques. Le Forum des droits sur l'Internet a organisé, de février à mai 2005, un large débat public autour de ce projet, mobilisant des énergies « pour et contre » la question d'une identité biométrique.

Pour justifier l'instauration d'une telle carte, les autorités ont fait principalement valoir la lutte contre la fraude documentaire. Le moins qu'on puisse dire est que l'argument n'a guère convaincu. La possibilité d'utiliser une telle carte pour des téléprocédures administratives ou des transactions commerciales en ligne était l'autre justification, qui n'a pas non plus soulevé l'enthousiasme.

La fraude documentaire de titres d'identité en France

La fraude aux titres d'identité en France n'est pas sans une certaine ampleur. En juin 2005, une commission du Sénat[1] dénonçait l'absence de recensement de cette fraude par les autorités publiques. Cette commission notait qu'elle ne se limitait pas à la seule contrefaçon par imitation, même s'il existait bel et bien un marché des faux titres d'identité[2], et que 14 700 passeports et 9 000 permis de conduire vierges avaient été volés en France entre 2003 et 2004.

---

1. Rapport d'information au nom de la commission des lois constitutionnelles, de législation, du suffrage universel, du règlement et d'administration générale du Sénat, annexe au procès-verbal du 29 juin 2005.
2. Le coût d'un faux permis de conduire serait de 500 euros, et celui d'un faux passeport de 2 000 euros.

Cette fraude aux documents officiels a évidemment pour but de couvrir d'autres fraudes en cascade. Le Sénat dénonçait une « chaîne de l'identité défaillante », à commencer par les conditions de délivrance des extraits d'acte de naissance, la simple connaissance de la filiation d'une autre personne permettant facilement de se faire remettre des documents d'état civil, sans parler des actes d'état civil établis à l'étranger, dont un nombre croissant seraient irréguliers ou falsifiés.

Le Forum des droits sur l'Internet commanda un sondage, réalisé les 20 et 21 mai 2005 auprès d'un échantillon représentatif de 950 personnes âgées de 18 ans et plus. Ses résultats démontraient sans ambiguïté que les Français percevaient de façon favorable la carte nationale d'identité, qu'elle soit électronique ou non.

Le tableau 7.1 récapitule les réactions des sondés au projet du ministère de l'Intérieur de constituer un fichier informatique national des empreintes digitales.

Tableau 7.1 – Projet de fichier des empreintes digitales
(sondage du Forum des droits sur l'Internet)

Question	Pourcentage
Est une mauvaise chose car cela constitue une atteinte à la liberté individuelle	23
Est une bonne chose car cela permettra de lutter plus efficacement contre les fraudes à l'identité	75
Sans opinion	2

S'agissant de l'instauration par le ministère de l'intérieur d'une carte d'identité électronique comportant des données personnelles numérisées et biométriques, telles qu'empreintes digitales, photographie, voire iris de l'œil, les réponses furent du même ordre.

Le tableau 7.2 récapitule les réactions au projet de remplacement de la carte nationale d'identité par la carte d'identité électronique pour lutter contre la fraude à l'identité.

Ce sondage montre qu'une large majorité de Français ne partageaient pas à cette date les réticences ni les objections exprimées dans le débat public. Cela tient probablement au fait qu'ils n'ont pas toujours été

Tableau 7.2 – Projet de carte d'identité électronique
(sondage du Forum des droits sur l'Internet)

Question	Pourcentage
Très favorable	30
Plutôt favorable	44
Plutôt défavorable	14
Très défavorable	11
Sans opinion	1

alertés des risques que pourraient faire peser sur les libertés les développements technologiques introduits dans la carte, en l'occurrence la biométrie.

Une explication à l'absence de réticence des sondés à l'introduction généralisée de la biométrie tiendrait au fait que les Français seraient prêts à sacrifier « un peu » de leurs libertés pour ce qu'ils perçoivent comme « plus de sécurité ».

À l'heure où ces lignes sont écrites, le projet INES n'est toujours pas entré dans une phase active de mise en œuvre. On peut néanmoins prédire que, dans un avenir proche et sous une forme ou sous une autre, un titre d'identité utilisant des technologies numériques, dont la biométrie, sera introduit en France.

Qu'est-ce que la biométrie ?

La biométrie, dans le sens informatique qui nous concerne ici, est utilisée à des fins d'authentification d'un utilisateur vis-à-vis d'une identité numérique. Selon la définition donnée par le Cigref[1] : « Un système de contrôle biométrique est un système automatique de mesure basé sur la reconnaissance de caractéristiques propres à l'individu. » Dans ce cas, il s'agit de mesurer une caractéristique réputée unique de l'individu (l'empreinte digitale, l'iris, la forme du visage...) afin de l'identifier et/ou de l'authentifier. Dans tous les cas, l'analyse biométrique s'effectue par comparaison entre la mesure effectuée sur l'individu (relevé d'empreinte, par exemple) et l'enregistrement fait au préalable de cette caractéristique physique.

---

1. Club informatique des grandes entreprises françaises (*www.cigref.fr*).

> Cet enregistrement peut être conservé dans une base de données centrale ou sur un « dispositif autonome » qui reste la propriété de l'utilisateur (le plus souvent une carte à puce ou une clé USB). L'attractivité de l'analyse biométrique réside dans le fait que la caractéristique mesurée est intrinsèque à l'individu et ne peut pas être facilement falsifiée. C'est également pour cette raison que la biométrie déclenche l'ire de certains groupes de pensée au nom de la défense des libertés individuelles.

Le problème juridique majeur posé par biométrie est celui de la *révocation*. En cas d'usurpation d'un mot de passe ou d'une signature électronique, il est facile pour son titulaire de les remplacer ou de les révoquer. Ce n'est pas aussi simple avec une empreinte digitale ou rétinienne. Lorsqu'un tiers s'approprie une identité biométrique, il peut, au moyen de ses identifiants (empreintes digitales, rétinienne, faciale, etc.), passer tout type de transactions au nom de la victime. Or comment cette dernière pourrait-elle révoquer ou remplacer sa propre empreinte digitale ou son identité visuelle ?

Les experts en sécurité sont partagés sur la question, même si, en majorité, ils semblent considérer qu'une telle révocation est possible, quoique difficile.

Comme nous l'avons vu au chapitre VI, les traitements biométriques font l'objet d'une surveillance particulière de la CNIL. Ainsi, tout traitement biométrique doit être autorisé par la CNIL avant sa mise en œuvre. Sauf impératifs de sécurité, la CNIL interdit la centralisation des données biométriques sur un serveur. Pour limiter le risque de captation par un tiers non autorisé, elle exige, au contraire, que les caractéristiques biométriques des personnes soient uniquement conservées sur un support individuel de type carte à puce, clé USB ou ordinateur.

Google, une autre « carte d'identité » dans le réseau ?

Le 3 octobre 2007, alors qu'il était auditionné par la commission des lois du Sénat, Alex Türk, président de la CNIL, se déclarait « inquiet […] de certains instruments informatiques, tels que le moteur de recherche Google […], capables d'agréger des données éparses pour établir un profil détaillé de millions de personnes (parcours professionnel et personnel, habitudes de consultation d'Internet, participation à des forums...)[1] ». Venant du président de l'autorité administrative indépendante chargée de « gendarmer » le respect de nos vies privées, on n'en attendait pas moins.

Le constat est accablant : 47 % des Américains avouent qu'ils saisissent régulièrement leur nom sur Google[2] pour contrôler les informations qui les concernent. Et l'on sait que la quasi-totalité des internautes « googlisent », c'est-à-dire saisissent dans le moteur de recherche les noms de leurs contacts, de leurs rencontres, de leurs partenaires, à la recherche d'informations les concernant. Ils exercent ainsi une sorte de contrôle d'identité en ligne, qui fait de Google un gigantesque fichier de police.

Certains moteurs de recherche ne s'y sont d'ailleurs pas trompés, voyant dans cet usage d'Internet la naissance d'un marché prometteur. En août 2007, le moteur Spock annonçait son lancement sur le marché de la recherche d'individus[3]. Son slogan est le suivant : « Notre mission est de retrouver toute personne partout dans le monde[4]. » En saisissant les nom et prénom d'un individu et en affinant sa recherche par des informations telles que sa date de naissance et son sexe, on peut disposer d'une image, et même de quelques autres noms de l'entourage de la personne.

Aux origines de la loi dite informatique et libertés[5] se trouvait la crainte d'un système automatisé capable de mettre en « fiche tous les Français[6] ». À l'époque, l'inquiétude concernait un système d'information administratif prévu pour interconnecter de nombreux fichiers publics, dont ceux des renseignements généraux et de la police judiciaire, qui aurait pu être interrogé au moyen d'un identifiant unique, le numéro de Sécurité sociale. N'est-on pas arrivé aujourd'hui là où l'on redoutait d'aller ?

---

1. Audition d'Alex Türk, président de la CNIL, devant la commission des lois du Sénat, 3 octobre 2007, *www.senat.fr/bulletin/20071001/lois.html#toc5*.
2. « Digital Footprints : Online Identity Management and Search in the Age of Transparency », *www.pewinternet.org*, 16 décembre 2007.
3. Isabelle BOUCQ, « Spock, le moteur qui vous renseigne sur les gens », *01net. com*, 8 août 2007.
4. *Our mission is to have a search result for everyone in the world.*
5. Loi n° 78-17 du 6 janvier 1978 relative à l'informatique, aux fichiers et aux libertés.
6. Philippe BOUCHER, « Safari ou la chasse aux français », *Le Monde*, 21 mars 1974.

Créé en 1998 dans la Silicon Valley, en Californie, par deux étudiants de l'Université de Stanford, Google est une formidable machine à collecter et restituer l'information vingt-quatre heures sur vingt-quatre et sept jours sur sept, afin de la rendre « universellement accessible et utile », comme le dit son slogan. Pour cela, le moteur a placé des milliers d'ordinateurs aux quatre coins d'Internet. Selon une estimation, il disposait en mai 2006 d'une capacité de stockage de 60 pétaoctets (2^{50} octets)[1]. On estime à huit milliards le nombre de pages Web indexées par le moteur de recherche[2].

Ce gigantisme ne concerne pas que les textes, images et vidéos : Google collecte aussi des données à caractère personnel, c'est-à-dire des informations qui identifient, expressément ou non, directement ou non, les individus personnes physiques. Les contours d'une nouvelle carte d'identité, en un certain sens une « super-CNI », sont donc bien en train de se dessiner sous nos yeux.

Combien de noms patronymiques, d'informations confidentielles sur la vie privée des individus, sans compter les photographies et images de toutes sortes rattachées au nom d'une personne, sont-ils indexés, enregistrés, stockés ? Les moteurs de recherche, Google au premier chef, sont devenus une immense base de recherche et d'investigation sur les personnes.

Google et le droit français

Au regard de la loi, Google et les autres moteurs de recherche peuvent-ils continuer à collecter sans notre autorisation expresse des données à caractère personnel nous concernant ? La réponse est claire et sans appel : l'article 6 de la loi informatique et libertés, qui vise à protéger les données à caractère personnel, stipule qu'elles doivent être collectées et traitées « de manière loyale et licite ». Cela signifie on ne peut plus clairement que toute collecte d'informations réalisée à l'insu des intéressés est illicite.

---

1. Daniel Ichbiah, « Comment Google mangera le monde », broché, 2006.
2. Information donnée par *wikipedia.org*, décembre 2007.

À la notion d'*autorisation* préalable s'ajoute même celle de *consentement* préalable posée par l'article 7 de la même loi, qui dispose qu'un « traitement de données à caractère personnel doit avoir reçu le consentement de la personne concernée ».

Le non-respect de ces dispositions est puni par l'article 226-18 du Code pénal de peines maximales de cinq ans d'emprisonnement et de 300 000 euros d'amende. Pour les personnes morales, l'amende maximale est quintuplée, pour atteindre 1,5 million d'euros.

Les données à caractère personnel ne sont pas intrinsèquement dangereuses. C'est l'utilisation qui en est faite qui peut le devenir, notamment lorsque les objectifs poursuivis par leur traitement ne sont pas respectés. Pour éviter de tels risques, l'article 6-2 de la loi prévoit que « la collecte et le traitement doivent répondre à des finalités déterminées, explicites et légitimes, et ne soient pas traités ultérieurement de manière incompatible avec ces finalités ». En vertu de ce principe, le fichier doit obligatoirement avoir un objectif précis : c'est ce qu'on appelle la « finalité ». Autrement dit, le traitement des données à caractère personnel doit se limiter à la finalité déclarée à la CNIL, et les données exploitées dans ce fichier doivent être cohérentes avec l'objectif fixé.

Enfin, les informations ne peuvent être réutilisées de manière incompatible avec la finalité pour laquelle elles ont été collectées. Le respect du principe de finalité proscrit toute utilisation ultérieure des données à des fins étrangères à la finalité initialement fixée. Là encore, le défaut de respect du principe de finalité est sanctionné pénalement de cinq ans d'emprisonnement et de 300 000 euros d'amende[1].

Pour ne prendre que ces deux principes – une collecte loyale et une finalité déclarée et respectée –, il peut être affirmé que Google est dans l'illégalité la plus complète puisqu'il bafoue les principes mêmes qui sont à la base de la loi informatique et libertés.

Google collecte à longueur de journée et en très grande quantité des données à caractère personnel, qu'il enregistre et stocke. Il est matériellement impossible au moteur de recherche d'obtenir le consentement

---

1. Art. 226-21 du Code pénal.

préalable des intéressés, comme la loi l'exige. Pour autant, la loi est la loi, et l'obligation légale demeure. L'obligation d'autorisation préalable ne saurait être implicite. Elle concerne toutes les données collectées, sans exception. Que Google fasse valoir que ses serveurs sont localisés à l'étranger ne change rien à l'affaire. Google s'adresse au marché français, et les tribunaux français affirment de plus en plus ouvertement que le critère à retenir pour savoir si la loi française s'applique est le critère de destination. Le service Google est-il destiné au marché français ? La réponse est immanquablement positive, sans besoin de démonstration.

Que faire dans ces conditions ? Appliquer la loi telle quelle ? La modifier pour tenir compte d'une évolution qui ne pouvait être anticipée en 1978[1] ? Les moteurs de recherche en général, et Google en particulier, rendent de très nombreux services aux internautes. Il n'est pas moins évident que l'activité de moteurs de recherche doit être encadrée par la loi et que la seule autorégulation, que Google dit s'appliquer à lui-même, n'est pas suffisante. Faute de quoi, c'est bien d'une carte d'identité d'un nouveau genre, sans contrôle ni garantie pour nos libertés, qui verra le jour.

MySpace et Facebook

Né à Harvard en 2004, Facebook était réservé à l'origine aux seuls étudiants de cette Université de Boston. À l'heure où sont écrites ces lignes, Facebook est le plus médiatisé des réseaux dits sociaux, à défaut d'être le plus fréquenté. Les chiffres de fréquentation des réseaux sociaux dans leur ensemble donnent d'ailleurs le vertige : plus de 200 millions de membres revendiqués par le premier d'entre eux, MySpace, quelques dizaines de millions de membres pour Facebook, le second et encore quelques millions de membres pour tous les autres (Viadeo, ex-Viaduc, LinkedIn, etc.).

---

1. La loi de 1978 a subi un toilettage important par la loi n° 2004-801 du 6 août 2004 relative à la protection des personnes physiques à l'égard des traitements de données à caractère personnel transposant la directive n° 95/46 du 24 octobre 1995, elle-même intervenue alors qu'Internet commençait à peine sa pénétration dans le grand public.

L'existence de ces réseaux sociaux n'a rien de choquant en soi. Ils offrent la possibilité de se faire des amis, de susciter des rencontres, de développer ses relations professionnelles ou tout cela à la fois. Chaque réseau a ses conventions de langage, de comportement, pour permettre à chacun de développer son réseau de relations.

L'inscription à ces réseaux débute toujours par un formulaire, destiné à établir un profil. Ce profil ne se limite pas toujours à un statut. On y ajoute ses goûts, son caractère, ses amitiés, parfois même politiques, ses habitudes. Chaque membre de ces réseaux est invité à communiquer le maximum d'informations le concernant. Dans la mesure où la démarche est volontaire, il n'y a rien d'illégal à cela, à condition toutefois d'être parfaitement informé du devenir de ces informations.

Or c'est là que le bât blesse, et ce au moins à deux niveaux. Le public – adolescents en tête – se rue sur ses services pour y déposer une masse considérable d'informations, lesquelles sont mises à disposition de tous. Cette ruée vers les réseaux sociaux se fait en bonne foi, parfois en toute naïveté pour les plus jeunes, parfois sous la pression sociale car à défaut d'y être présent on pense « qu'on n'existe pas ». Très souvent, les conditions de conservation, de stockage, voire d'exploitation de ces données ne sont pas précisées par le propriétaire du service. Rien n'est dit non plus sur les adresses IP collectées ainsi que les adresses électroniques des membres et de leurs contacts. Or, chacun sait que le modèle économique de ces réseaux sociaux est l'exploitation des données à caractère personnel, ce qu'on appelle la vente de l'audience qualifiée ou des profils utilisateurs. Aussi, on peut être inquiet du devenir des données déposées et exposées. En outre, si le réseau social a pris des engagements vis-à-vis des données à caractère personnel des membres, de quelle garantie dispose le membre que ces engagements seront tenus ? Comment peut-il savoir que tous les moyens seront mobilisés pour empêcher que des tiers mal intentionnés accèdent aux informations les concernant dont ces réseaux sont les dépositaires ?

Autre problème majeur, de faux profils circulent sur ces réseaux. On compte par milliers des Nicolas Sarkozy ou des Ségolène Royal qui se déclarent en ligne. Très souvent, ces faux profils, appelés *fakes*, sont humoristiques s'agissant de personnalités connues. Mais qu'en est-il du quidam ?

Qui peut être un fournisseur d'identité numériques sur les réseaux ?

Un système d'identité global, numérique ou pas, requiert toujours un fournisseur d'identité. Une idée dominante dans la France d'aujourd'hui est que l'État est la seule entité légitime pour délivrer des titres d'identité. La CNI en est la parfaite illustration, puisque l'immense majorité des Français la détiennent et la portent sur eux en permanence, alors qu'elle n'a aucun caractère obligatoire.

Dans le monde des réseaux numériques, la délivrance d'un titre d'identité s'impose également. Les cartes plastiques du monde réel y sont de peu d'utilité. Il faut donc créer de toutes pièces un système susceptible de délivrer de tels titres. Plusieurs expériences sont en cours, que nous avons déjà évoquées dans cet ouvrage.

La plupart des systèmes d'identité qui émergent sont mus par l'idée de laisser à l'utilisateur le contrôle de son identité. L'idée est que l'utilisateur ne doit se voir imposer aucun titre de la part d'une quelconque entité, qu'elle soit étatique ou privée. Au début des années 2000, Microsoft avait lancé un système d'identité appelé Passport[1], devenu par la suite Live ID. Par ce système, les utilisateurs enregistraient une fois pour toutes sur un serveur centralisé et maîtrisé par Microsoft leurs informations personnelles. Microsoft leur attribuait ensuite une identité numérique qui leur permettait d'accéder aux services offerts sur Internet et compatibles avec Passport, sans avoir à saisir à nouveau leurs informations personnelles.

Ce système centralisé a enregistré jusqu'à 250 millions d'utilisateurs et un milliard d'utilisations par jour, essentiellement limitées à MSN, le service de messagerie instantanée (chat) de Microsoft ou d'autres services de Microsoft. En dehors de ces services, Passport a été un échec. Il existe quantité d'objections à voir une société multinationale telle que Microsoft détenir de manière centralisée des informations personnelles et fournir des titres d'identité. L'échec de Passport a probablement sonné le glas

---

1. *http://www.01net.com/article/160524.html?rub* =, « L'ambition de Microsoft, un internaute, un Passport », 21 septembre 2001.

des systèmes d'identité numériques centralisés et surtout maîtrisés par une seule société privée.

Le nouveau projet Windows CardSpace de Microsoft[1] a pris acte de cette évolution. Ce projet se focalise principalement sur le poste de travail de l'utilisateur. Intégré notamment à Windows Vista, ce qui lui procure une certaine force, c'est une sorte de portefeuille d'identité numérique sous la main de l'utilisateur, puisqu'il réside sur le disque dur de l'ordinateur de l'utilisateur. Celui-ci dispose de cartes d'identité virtuelles qu'il a lui même créées et qui comportent un niveau d'informations différent de l'une à l'autre.

En fonction du niveau d'information requis par un fournisseur de service qui souhaite contrôler l'identité de l'utilisateur, celui-ci sélectionne, au moyen d'un sélecteur d'identité, telle ou telle carte. Le fournisseur de service et l'utilisateur se trouvent alors rejoints par un troisième acteur, un fournisseur d'identité désigné dans la carte d'identité virtuelle de l'utilisateur.

Il est important de signaler à ce stade que les informations requises par le fournisseur de service (par exemple un numéro de carte bancaire) ne sont pas stockées chez l'utilisateur mais chez le fournisseur d'identité. Ce dernier, dont l'ensemble des coordonnées figure sur la carte, est interrogé à la demande du fournisseur de service pour authentifier l'utilisateur. Le fournisseur d'identité fournit au fournisseur de service, *via* l'utilisateur, une information chiffrée et signée par lui.

En théorie, le fournisseur d'identité peut être l'utilisateur lui-même, mais si l'enjeu est important, il sera plus probablement indépendant de l'utilisateur.

La figure 7.1 illustre le sélecteur d'identité Windows CardSpace.

C'est évidemment, la qualité du fournisseur d'identité choisi qui détermine la confiance du fournisseur de service et les éventuelles autorisations qu'il est prêt à accorder à l'utilisateur.

---

1. *http://www.microsoft.com/net/cardspace.aspx.*

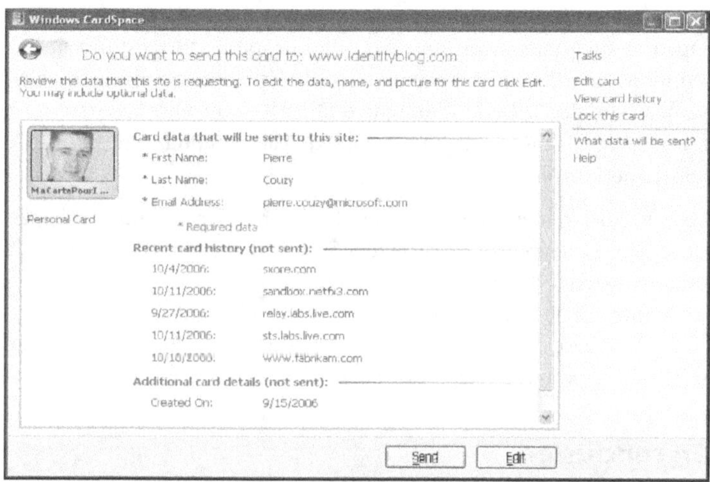

Figure 7.1 – Sélecteur d'identité Windows CardSpace

Créé en 2001 à l'initiative de la société Sun Microsystems en réaction au projet Passport de Microsoft, Liberty Alliance (*www.projectliberty.org*) a été le premier projet de système de fédération d'identités de grande ampleur fondé sur des standards ouverts et sur l'introduction du rôle de fournisseur d'identité en tant que tiers de confiance. Dans ce modèle, l'utilisateur obtient une authentification unique (ou SSO, Simplified Sign-On) auprès d'un fournisseur d'identité. Au moyen de cet identifiant unique, il accède ensuite à un certain nombre de services Web offerts par des fournisseurs de services affiliés (le cercle de confiance).

Le consortium Liberty Alliance regroupe aujourd'hui plus de 150 entreprises des secteurs de l'informatique, des télécoms, de l'industrie et des services, ainsi que de nombreuses universités et organisations gouvernementales. Les deux principaux recueils de spécifications publiés par le consortium sont Liberty Federation pour la fédération d'identités et Liberty Web Services pour la mise en place de services Web et de réseaux sociaux fondés sur la gestion des identités et sur le respect de la vie privée. Liberty Alliance propose également des recueils de bonnes pratiques, ainsi que des programmes de test et de certification.

Une autre grande expérience en cours d'un système d'identité global est OpenID, que nous avons déjà décrit au chapitre v. À la différence de Windows CardSpace, ce système d'identité numérique repose exclusivement sur des URL. L'utilisateur d'OpenID doit faire le choix d'un fournisseur d'identité parmi une pluralité d'acteurs pour être authentifié auprès du fournisseur de service.

Les systèmes d'identité numérique du futur se feront ainsi probablement sans l'intervention directe de l'État et au moyen d'une multitude de fournisseurs d'identité numériques qui délivreront tous des titres d'identité. Cette situation engendrera probablement la création d'un statut juridique spécifique comportant des dispositions particulières en terme de responsabilité, de contrôle notamment par la CNIL.

En conclusion

Les titres d'identité délivrés par l'État sont des objets incontournables de notre quotidien. Ces titres d'identité, carte nationale d'identité en tête, ont déjà une longue histoire et font l'objet de réformes régulières, dont la dernière en date et non encore mise en œuvre devrait introduire la biométrie.

Ces cartes en plastique sont de peu d'utilité sur les réseaux, du moins pour un usage direct. Se pose la question de savoir si des titres d'identité numérique pourraient être délivrés à l'avenir. Ils le seront immanquablement, car tout système d'identité délivre des titres d'identité, mais ils ne le seront probablement pas par l'État. Ils ne le seront pas non plus par une seule société privée, l'échec du projet Passport de Microsoft attestant suffisamment le refus de mainmise d'un seul acteur sur nos identités.

Le besoin d'un système global d'identité numérique se fait pressant. Les données personnelles et identités éparpillées dans les réseaux continuent d'être quotidiennement happées et stockées par les moteurs de recherche, quand ce n'est pas naïvement exposées par les utilisateurs eux-mêmes. La pratique généralisée consistant à opérer en ligne des contrôles d'identité *via* les moteurs de recherche et les réseaux sociaux est propice à une réflexion d'envergure sur l'instauration de titres d'identité numérique.

CHAPITRE VIII

Le registre d'identité numérique

Le 18 mars 1999, Fred Forest et Sophie Lavaud s'unissent à la mairie d'Issy-les-Moulineaux dans le cadre d'une cérémonie particulière, baptisée « technomariage[1] ». La date choisie correspond à la deuxième édition de la fête de l'Internet, organisée chaque année avec le soutien des pouvoirs publics depuis 1998.

La personnalité des deux mariés est particulière. L'un et l'autre sont des artistes reconnus pour leur utilisation novatrice des développements informatiques et d'Internet. Fred Forest a notamment vendu, en 1996 et pour la première fois dans l'histoire de l'art, une œuvre virtuelle en ligne et aux enchères sous le contrôle du commissaire-priseur Me Binoche. Le prix de lancement de l'enchère était de 1 franc, et l'œuvre a été achetée 55 000 francs.

André Santini, ministre et député maire d'Issy-les-Moulineaux, célèbre la cérémonie en présence de trois témoins : Vinton Cerf, l'un des pères fondateurs d'Internet, Jean-Michel Billaut, gourou de l'Internet français, et Françoise Schmitt, qui anime à Paris une école d'art et de multimédia très active[2]. Deux autres témoins assistent à la cérémonie, mais à distance et « en ligne », l'un à Chicago, l'autre à Tokyo.

Le technomariage mobilise un car régie vidéo, deux consoles audio, sept ordinateurs et six lignes Numéris (accès Internet rapide de l'époque).

---

1. *www.fredforest.org.*
2. Institut d'études supérieures des arts, *www.iesa.info.*

Sur le plan symbolique, les échanges des alliances ont lieu. Sur le plan légal, l'ensemble des protagonistes déclare que « toutes les conditions légales sont respectées », ce qui semble indiquer qu'aucun particularisme ou dérogation aux conditions légales posées par le Code civil n'est observé. La publication des bans « à la porte de la maison commune[1] pendant dix jours », la justification de l'identité des époux et la production des pièces médicales exigées auprès de l'officier de l'état civil sont donc respectées. Les futurs époux déclarent leur amour en public et font savoir que ce mariage est un événement bien réel.

Un système d'identité nécessite l'établissement et la mise en œuvre d'un registre qui collecte un certain nombre de renseignements sur les individus. Dans le monde réel, c'est notamment le registre de l'état civil. Ce registre peut prendre différents noms : annuaire, base de données, fichier, etc. Il recense l'ensemble des identifiants enregistrés dans une première phase d'inscription. Le registre intervient ensuite au stade de l'identification. Un opérateur humain ou un système informatique recherche dans le registre une identité. Cette identification, si elle est positive, aboutit soit à donner un droit, soit à délivrer un titre. Bref, le registre est un élément fondamental d'un système d'identité global.

Le registre de l'état civil est le premier d'entre eux. Dans le monde Internet, le système d'annuaire Whois renseigne, sur toute la planète, sur les titulaires de noms de domaine. Un tel registre de référence pourrait inspirer les architectes des systèmes d'identité numérique.

Le registre de l'état civil

L'état civil est un mode de constatation des principaux faits relatifs à l'état des personnes. En France, il a été institué par François Ier en 1539 par l'ordonnance de Villers-Cotterêts, qui rendait obligatoire la tenue de registres de baptêmes par les paroisses indiquant la date et l'heure de la naissance. Après la Révolution, les registres paroissiaux de l'Église catholique ont été progressivement remplacés par ceux des autorités civiles, le plus souvent des communes. En Europe, un mouvement de

---

1. La mairie (art. 64 du Code civil actuellement en vigueur, issu d'une loi du 8 avril 1927).

même nature s'est dessiné dans la plupart des pays entre le XVIIIe et le XIXe siècle.

Les principaux actes de l'état civil sont l'acte de naissance, l'acte de mariage et l'acte de décès. Le titre II du livre Ier du Code civil leur est consacré[1]. Chacun a pu, à une étape de sa vie (naissance, mariage, décès d'un proche), voir l'officier de l'état civil donner lecture, de manière plus ou moins solennelle, de l'acte d'état civil venant officiellement d'être constitué.

C'est la loi qui confère à l'état civil la sécurité et la véracité des données enregistrées. Une section spéciale du Code pénal est consacrée aux « atteintes à l'état civil des personnes[2] ». Par exemple, ne pas déclarer un enfant à la naissance est puni de six mois de prison et de 3 750 euros d'amende ; prendre un autre nom que celui de l'état civil dans un acte public ou authentique, de six mois de prison et 7 500 euros d'amende ; contracter un second mariage, d'un an de prison et de 4 500 euros d'amende.

Les informations contenues dans les registres de l'état civil sont des données à caractère personnel. À ce titre, elles sont étroitement surveillées par la loi relative à l'informatique, aux fichiers et aux libertés et la CNIL. La liste des organismes pouvant avoir accès à ces données est limitativement énumérée. On y trouve en premier lieu l'Insee[3], pour l'établissement de statistiques nationales, les services de l'état civil des mairies et les autorités judiciaires.

Toute personne peut obtenir gratuitement copie d'un acte de décès ou d'un extrait d'acte de naissance de quiconque sans avoir à justifier des raisons sa demande ou de sa qualité. La demande peut s'effectuer en ligne depuis la fin de 2005[4]. En revanche, la délivrance d'une copie intégrale ou d'un extrait avec filiation d'un acte de naissance ou de mariage

---

1. Art. 34 à 101 du Code civil.
2. Art. 433-18-1 et suivants du Code pénal.
3. Décret n° 82-103 du 22 janvier 1982 relatif au répertoire national d'identification des personnes physiques et de l'instruction générale de l'état civil.
4. *www.acte-etat-civil.fr*.

est réservée à l'intéressé lui-même ou à sa famille, ainsi qu'aux autorités publiques ou judiciaires.

La demande d'extrait avec filiation ne peut se faire à distance que si le demandeur fournit des informations sur l'intéressé. Ces informations assez banales s'obtiennent facilement sur Internet, notamment le lieu de naissance, les nom, prénoms et date de naissance de l'intéressé, ainsi que les noms et prénoms des parents.

Comment le Whois est devenu un registre d'identité en ligne

Le 25 novembre 1998, le Département du commerce du gouvernement des États-Unis signe un protocole avec une société de droit californien basée à San Diego constituée quelques jours plus tôt, l'Icann[1]. Aux termes de cet accord[2], le gouvernement américain délègue à l'Icann la mission de coordination et d'administration des noms de domaine, mais aussi des adresses IP du système de nommage Internet, appelé DNS.

DNS (Domain Name Service)

Le DNS (Domain Name Service) a un père bien identifié : John Postel. Décédé en octobre 1998, c'est ce professeur de l'Université de Californie de Los Angeles (UCLA) qui a décidé de recenser et d'allouer les adresses IP selon des critères d'ordre géographique. Il a ensuite mis en place et maintenu le système des RFC (Requests For Comments) de l'IETF.

Après qu'il eut rejoint l'Université du sud de la Californie (USC), l'ensemble de ces normes techniques et des personnes les ayant composées s'est regroupé au sein du groupe de travail Iana (Internet Assigned Numbers Authority) au sein de l'association internationale Isoc (Internet Society). C'est l'Iana qui a mis en œuvre le registre des noms de domaine, dit Registry, déléguant ses pouvoirs à des organismes régionaux, comme l'Internic pour l'Amérique du Nord, le RIPE NCC pour l'Europe, l'Apnic pour la zone Asie-Pacifique. À leur tour, ces organismes ont délégué leurs pouvoirs à des entités locales. Par

---

1. Les statuts de la société Icann (Internet Corporation for Assigned Names and Numbers) ont été signés le 6 novembre 1998.
2. Intitulé « Memorandum of Understanding between the US Department of Commerce and Icann », il peut être lu à l'adresse *www.ntia.doc.gov/ntiahome/ domainname/Icann-memorandum.htm.*

> exemple, en 1987, le RIPE NCC a délégué ses attributions pour la zone *.fr* à l'Inria, un établissement public à caractère scientifique et technologique régi par le décret n° 85-831 du 2 août 1985 et appelé pour la circonstance NIC France.
>
> L'Inria a laissé place à une association régie par les dispositions de la loi du 1er juillet 1901, l'Afnic (Association française pour la gestion du nommage Internet en coopération). Dans le but notamment d'ouvrir le système aux différents intérêts en présence et de lui donner une diversité géographique, l'ISOC a constitué en novembre 1996 un Comité International *ad hoc*, l'IAHC, composé de l'International Telecommunications Union, de l'Organisation mondiale de la propriété intellectuelle, de l'International Trademark Association et de deux membres désignés par l'ISOC, l'IANA et l'IAB (Internet Architecture Board), autre groupe de travail de l'ISOC.

Le DNS est l'épine dorsale des réseaux fonctionnant selon le protocole Internet (IP). Sans DNS, l'usage du réseau deviendrait impraticable. Dans le DNS, on distingue aujourd'hui encore deux grands types de domaines, encore appelés suffixes ou extensions :

- Les domaines dits génériques, ou internationaux, qui sont constitués d'au moins trois lettres. Les plus connus et les plus anciens d'entre eux sont *.com, .net, .org, .biz* et *.info*.

- Les domaines nationaux, ou géographiques, constitués d'une extension à deux lettres reproduisant le code d'un État conformément à la norme ISO 3166-1. Il s'agit du *.fr* pour la France, du *.it* pour l'Italie, etc.

Ces domaines, ou suffixes, associés à un radical, constituent le nom de domaine. Dès le moment où le grand public s'est mis à investir le réseau, vers le milieu des années 1990, la pénurie de noms de domaine s'est fait sentir. Certains affirment que cette pénurie a été organisée en conscience[1], afin de faire évoluer cette ressource technique qu'est le nom de domaine vers une valeur commercialisable.

Le DNS est aussi un système très politique. Chaque État voit dans son domaine géographique une manifestation de sa souveraineté, voire de son identité nationale. La Croatie n'a obtenu son extension. *hr* que tardivement, par exemple. De même, l'Union européenne n'a disposé de son

---

1. Laurent CHEMLA, « Confessions d'un voleur », *Le Monde*, 29 avril 2000.

extension. *eu* qu'en 2006, après près de cinq ans de tractations auprès de l'Icann. Certains se sont demandé si le temps mis à la création de cette extension n'était pas le résultat d'une résistance de l'Icann et, au travers d'elle, du gouvernement américain, qui n'aurait pas vu d'un bon œil l'avènement d'une extension purement européenne.

Si la création d'une extension est un acte politique, sa suppression ne l'est pas moins. Ainsi, après la disparition de l'État du Zaïre et son remplacement par la République démocratique du Congo, l'extension *.zr* n'avait plus lieu d'être, sauf pour les opposants au nouveau régime. En dépit de protestations, le *.zr* a été supprimé sur requête de l'Icann dans le courant de l'année 2001.

Icann et gouvernement américain

Toute décision prise par l'Icann au titre du DNS requiert l'accord du DOC (Department of Commerce). Symbole de cette omniprésence des intérêts américains et privés, le système de nommage est centralisé par treize serveurs dits « de racine », sur lesquels l'ensemble des routeurs du monde entier viennent copier l'arbre de nommage. En quelque sorte, il s'agit des treize serveurs maîtres de la base de données mondiale des noms de domaine.

Ces serveurs ont eux-mêmes une structure pyramidale, à la tête de laquelle se trouve le serveur racine dit A, le maître des maîtres de la base de données. La répartition géographique des serveurs racine est la suivante : dix aux États-Unis, deux en Europe (Londres et Stockholm), un en Asie (Tokyo). Un seul de ces serveurs est maîtrisé en principe par l'Icann.

Plus encore que la localisation géographique ou l'entité propriétaire, c'est le mode de gestion de ces serveurs, et plus spécialement du serveur racine A, qui étonne. Pour chaque acte de gestion touchant à ce serveur – création, suppression d'une extension, par exemple –, l'Icann adresse une requête à l'entité gestionnaire, la société VeriSign. Loin de diligenter sans délai à la requête de l'Icann, VeriSign demande d'abord le feu vert du DOC, une « formalité » bien peu neutre.

On peut s'étonner que le DNS soit entre les mains d'un seul gouvernement et que cette situation perdure, alors même qu'Internet est partagé par le monde entier. Bernard Benhamou, l'un des meilleurs spécialistes français de la gouvernance Internet, résume cette situation de la façon suivante : « L'administration Clinton avait prévu de donner son indépendance à l'Icann, mais l'essor politique et économique d'Internet a fait reculer le gouvernement américain. Celui-ci résume désormais sa position en ces termes : "Internet est le moteur de notre croissance et nous ne permettrons pas qu'il soit pris en otage pour des raisons politiques"[1]. »

L'Icann n'est pas un nouveau registre d'état civil. La société américaine ne recense pas des individus mais des titulaires de noms de domaine et leurs contacts, et elle le fait au travers l'annuaire Whois. Ce dernier (contraction de l'anglais *who is*, littéralement « qui est… ? ») est un annuaire public des déposants de noms de domaine Internet et d'adresses IP. Il recense un grand nombre d'informations sur le titulaire du nom de domaine ou de l'adresse IP, ainsi que les contacts administratifs, techniques et financiers relatifs à ces mêmes noms de domaine et adresses IP.

L'Icann dispose de la maîtrise juridique de l'annuaire Whois. C'est elle qui en détermine le contenu ainsi que les standards techniques qui le composent. Cependant, elle en a délégué la gestion aux bureaux d'enregistrement de noms de domaine, ces centaines de sociétés réparties dans le monde entier qui distribuent les noms de domaine.

Le tableau 8.1 (page suivante) recense l'ensemble des informations restituées par le Whois lorsque le service est interrogé sur le site d'un des bureaux d'enregistrement pour savoir qui est enregistré pour le nom de domaine *adobe.com*.

Le Whois informe que le titulaire du nom de domaine (*registrant*) est la société Adobe Systems Inc. basée à San Jose, en Californie. Elle renseigne également sur les contacts administratifs et techniques déclarés pour ce nom de domaine, tous deux étant également la société Adobe.

Un troisième contact, qui n'apparaît pas dans la fiche, le contact financier, figure également comme un champ du Whois. Ce dernier tombe de plus en plus en désuétude, les titulaires de noms de domaine se contentant de renseigner les champs des contacts administratifs et techniques. Il est possible que les fonctions administratives et techniques soient déléguées à des tiers.

---

1. Bernard BENHAMOU, entretien avec Stéphane Foucart, *www.netgouvernance.org*, 2006.

Tableau 8.1 – Réponses du Whois à une requête
sur le nom de domaine *adobe. com*

```
Registrant :
Adobe Systems Incorporated
345 Park Avenue
San Jose, CA 95110
US


Domain Name : ADOBE. COM


------------------------------------------------------------------------
Promote your business to millions of viewers for only $1 a month
Learn how you can get an Enhanced Business Listing here for your domain name.
Learn more at http://www.NetworkSolutions.com/
------------------------------------------------------------------------


Administrative Contact :
Admin, DNS dns-admin@adobe.com
345 Park Avenue
San Jose, CA 95110
US
+1.4085366777 fax : +1.4085374000

Technical Contact :
Adobe Systems Incorporated dns-admin@adobe.com
345 Park Avenue
San Jose, CA 95110
US
408-536-6000

Record expires on 16-May-2012.
Record created on 14-Nov-2003.
Database last updated on 17-Feb-2008 15:53:43 EST.

Domain servers in listed order :
ADOBE-DNS-3.ADOBE. COM 192.150.22.30
ADOBE-DNS. ADOBE. COM 192.150.11.30
ADOBE-DNS-2.ADOBE. COM
```

Remarquons que l'unité d'enregistrement interrogée ici, la société américaine Network Solutions, a inséré dans sa réponse une autopublicité. Enfin, le Whois a fourni en fin de fiche l'adresse de deux serveurs qui gèrent ce nom de domaine.

L'utilité du Whois n'est pas à démontrer en matière contentieuse. Dans le cas d'un litige entre un nom de domaine et une marque, le titulaire de la marque est renseigné grâce au Whois sur l'identité du titulaire du nom de domaine. Il peut dès lors apprécier si ce titulaire dispose d'un intérêt légitime à posséder ce nom de domaine et s'il est de bonne ou mauvaise foi.

Par exemple, sur la base de l'identité déclarée par le titulaire du nom, il peut chercher à savoir si celui-ci possède des droits sur une autre marque ou un autre signe distinctif reproduisant le nom de domaine et ainsi évaluer ses chances de succès pour le récupérer par une démarche contentieuse. Il peut aussi rechercher si ce titulaire de nom de domaine a déjà connu des affaires de cybersquatting et a été condamné à restituer un nom de domaine[1].

Plus généralement, la fiche d'identité Whois renseigne les tribunaux sur tout litige impliquant un service Internet associé à un nom de domaine. Dans ce type de litige, la fiche Whois devient presque systématiquement une pièce du dossier qui renseigne les tribunaux sur les protagonistes du litige. Dans le cas d'un litige avec l'éditeur d'un site Web qui publie des informations considérées comme diffamatoires par un tiers, l'éditeur n'est pas nécessairement clairement identifié sur le site Web incriminé, bien que ce soit pour lui une obligation légale. Or il est impossible pour un tribunal de sanctionner une personne physique ou morale s'il ne l'a pas clairement et préalablement identifiée. D'où le recours au Whois. Il n'existe pratiquement plus de dossier contentieux mettant en cause un site Internet dans lequel la fiche d'identité imprimée à partir du Whois ne soit déposée comme pièce au tribunal.

Les informations publiées dans le Whois sont le plus souvent le résultat d'une simple déclaration. L'unité d'enregistrement impose généralement dans ses contrats des déclarations exactes. Ainsi, l'unité d'enregistrement monégasque Namebay impose dans ses conditions générales de service que « le client devra fournir à Namebay des informations exactes, précises et

---

1. Par exemple, l'OMPI, chargée par l'Icann de faire trancher les litiges entre noms de domaine et marques par des experts qu'elle a sélectionnés, publie toutes les décisions rendues sur à l'adresse *http://www.wipo.int/amc/en/domains/cases.html.*

fiables et devra les mettre à jour immédiatement pendant toute la durée de l'enregistrement du domaine[1] ».

La nature juridique du Whois est controversée. S'agit-il d'un simple service de publicité ou bien cette publication est-elle constitutive d'un droit, à l'instar du registre des marques pour l'INPI ? La question n'a pas clairement été tranchée et n'est pas connue des tribunaux. Nous penchons pour la première hypothèse, celle qui fait du Whois un simple registre de publicité. Pour que cette publication soit constitutive d'un droit, il faudrait en effet que la loi le décide. Or tel n'est pas le cas à ce jour.

Il convient toutefois de noter que le Whois dispose d'un statut juridique propre. Chaque bureau d'enregistrement de noms de domaine ou chaque registre contracte avec l'Icann l'obligation de publier un service Whois. Toute unité d'enregistrement a l'obligation, si elle veut exercer cette fonction, de passer avec l'Icann un contrat intitulé « contrat d'accréditation[2] ». Ce contrat prévoit en son article 3.3.1 que toute unité d'enregistrement doit, à ses frais, fournir une page Web interactive fournissant gratuitement au public toutes les informations concernant le nom de domaine dont elle assure la distribution.

Cependant, une tendance récente voit un certain nombre d'unités d'enregistrement soit faire payer la non-inscription au Whois, constituant ainsi une sorte de liste rouge payante, à l'instar du téléphone, soit en restreindre l'accès, notamment pour éviter que des bureaux d'enregistrement concurrents ne démarchent de mêmes clients.

La publication gratuite et pour tous des informations du Whois pose la question des données à caractère personnel. Le Whois est devenu une source précieuse pour les professionnels du Spam, qui y aspirent des données pour les exploiter illégalement. En réaction, certains bureaux d'enregistrement ne publient plus toutes les données. L'Afnic, par exemple, a décidé de ne pas publier les noms de domaine détenus par des particuliers. Cette décision est contestée par les titulaires de marques qui font valoir que l'anonymat des personnes physiques est propice au cyber-

---

1. Art. 4, al. 2, *http://www.namebay.com/Documents/Default.aspx.*
2. *http://www.icann.org/registrars/ra-agreement-17may01.htm.*

squatting. En Angleterre, l'unité d'enregistrement Nominet a pris une mesure de même nature, mais limitée aux consommateurs, ce qui constitue une définition plus étroite et plus fine que celle de « personnes physiques », lesquelles peuvent être commerçants, artisans ou professionnels. Dans tous les cas, l'anonymat du titulaire d'un nom de domaine peut être levé par décision judiciaire.

En résumé, si le Whois est un annuaire d'origine technique complet et très utile, l'usage qui en est fait l'a transformé en un véritable registre d'identité, en particulier par la production systématique de fiches d'identité devant les tribunaux. Cette pratique démontre qu'un registre en ligne dont le fonctionnement est régi par contrat entre différents acteurs professionnels est possible.

Registre et fournisseur d'identité

Un système d'identité numérique global commande, selon nous, que les utilisateurs des réseaux délèguent la gestion de leur identité numérique à un tiers. Ce tiers, qui pourrait être de droit privé, à la différence du monde réel, dans lequel l'État assume ce rôle, devrait obéir à un statut garantissant sa pérennité et sa bonne moralité, ou du moins prendre des engagements en ce sens. Ce tiers, que nous appelons *fournisseur d'identité*, et qui ne devrait en aucun cas être unique, sera immanquablement amené à gérer un registre d'identité servant à identifier les utilisateurs et à garantir leur identité auprès de fournisseurs de service.

À ce stade, plusieurs remarques sont nécessaires. En premier lieu, les règles minimales de sécurité commandent que le registre ne soit pas centralisé afin de ne pas être l'objet d'attaques. En deuxième lieu, ce registre d'identité devra est géré selon des règles transparentes, clairement affirmées. En clair, le gestionnaire du registre devra prendre des engagements contractuels forts. Enfin, ce registre devra comporter des règles de sécurité fortes, telles que la loi l'impose.

Pour mémoire, l'article 29 de la loi du 6 janvier 1978 formalise cette obligation de sécurité renforcée vis-à-vis des données à caractère personnel, lequel est devenu article 34 et a été modifié comme suit par la loi n° 2004-801 du 6 août 2004 : « Le responsable du traitement est tenu de prendre toutes précautions utiles, au regard de la nature des données et des risques présentés par le traitement, pour préserver la sécurité des données et, notamment, empêcher qu'elles ne soient déformées, endommagées ou que des tiers non autorisés y aient accès. »

L'article 7 de la convention du Conseil de l'Europe du 28 janvier 1981 comporte, en son article 7, des principes voisins puisqu'il y est question de prendre des « mesures appropriées » pour protéger les données à caractère personnel contre la destruction, accidentelle ou non, ou la perte.

C'est donc bien une obligation générale de sécurité et même une obligation de résultat qui pèsent sur le gestionnaire du registre. Pour ceux qui en douteraient, rappelons que la loi française sanctionne le manquement à l'obligation de sécurité d'une peine d'emprisonnement de cinq ans et d'une amende de 300 000 euros[1].

En conclusion

Un registre de référence dans lequel seraient recensées les identités numériques est possible, et même indispensable. Un système d'identité numérique global ne peut se passer d'un tel référentiel pour trancher les litiges sur l'identité, notamment les problèmes d'homonymie.

Le registre de l'état civil français a une longue histoire, mais une histoire en évolution. À ce jour, il ignore l'identité numérique, tout comme, à une certaine époque, il ignorait le nom de l'épouse ou les divorces. Il serait temps que cette évolution prenne place pour que, demain, l'enfant qui vient de naître voie le registre accueillir sa nouvelle identité numérique.

S'agissant du registre d'identité numérique global à inventer, celui-ci pourrait s'inspirer de l'exemple probant du Whois, qui est devenu, fût-ce à son corps défendant, un registre d'identité.

---

1. Art. 226-17 du Code pénal : « Le fait de procéder ou de faire procéder à un traitement de données à caractère personnel sans mettre en œuvre les mesures prescrites à l'article 34 de la loi n° 78-17 du 6 janvier 1978 précitée est puni de cinq ans d'emprisonnement et de 300 000 euros d'amende. »

CHAPITRE IX

L'image attaquée

En décembre 2007, des clichés intimes, certains mêmes pornographiques, d'une grande championne française de natation sont diffusés sur Internet. Selon la rumeur, ces photographies auraient été prises pour la plupart avec le téléphone mobile de son compagnon italien de l'époque. Le petit ami en question dément la rumeur, avant qu'un journal italien affirme qu'il aurait reconnu avoir remis ces photos à un tiers.

Les photos sont diffusées sur le réseau Internet dans l'unique but de nuire à la réputation de la nageuse. Leur publication suscite aussitôt des réactions de la part de nombreuses personnalités, notamment le secrétaire d'État aux Sports, Bernard Laporte, qui se fend dans les médias de déclarations de soutien à la nageuse.

La presse rapporte que, sur demande expresse de l'avocat de la championne, la majorité des sites Internet qui ont publié les photographies les retirent. Son entourage précise qu'elle ne compte pas en rester là et qu'une action en justice pour « violation du droit à l'image » est imminente.

Quoi qu'il en soit, le mal est fait, et l'image de la jeune championne est peut-être entachée à jamais.

Le droit à l'image

L'identité ne se réduit pas aux identifiants que l'on se donne (pseudo, mot de passe) ou que l'on reçoit de tiers (nom de famille, numéro de Sécurité sociale), mais s'étend à ce que les autres perçoivent de soi : son image. *A fortiori*, l'identité numérique, qui évolue par essence dans le monde du multimédia, et donc de l'image, recouvre un spectre beaucoup plus large que les seuls identifiants et est indissociable de l'image. Cela concerne autant les particuliers que les organisations, en particulier les entreprises.

En dépit de l'avènement d'une « société de l'image », il est extrêmement difficile pour une personne ou une organisation de contrôler l'image qu'elle entend donner d'elle-même sur les réseaux.

La loi dispose d'un certain nombre de textes qui protègent l'image des personnes, y compris les entreprises. Dans certaines circonstances bien particulières, la reproduction d'une image sans autorisation peut être constitutive d'un des délits du droit de la presse, la diffamation ou l'injure publique. Dans d'autres situations, le Code pénal vise le cas[1] où des personnes fixent, enregistrent, transmettent l'image d'une autre personne se trouvant dans un lieu privé sans son consentement. Ce délit est puni des peines maximales d'un an d'emprisonnement et de 45 000 euros d'amende[2]. Par ailleurs, selon l'article 228-8 du Code pénal « est puni d'un an d'emprisonnement et de 15 000 euros d'amende le fait de publier, par quelque voie que ce soit, le montage réalisé avec les paroles ou l'image d'une personne sans son consentement, s'il n'apparaît pas à l'évidence qu'il s'agit d'un montage ou s'il n'en est pas expressément fait mention ».

En réalité, ces textes pénaux sont peu appliqués par les tribunaux correctionnels, qui rechignent généralement à condamner à des peines aussi lourdes. Les juges ne perçoivent pas toujours la violation de la vie privée comme une atteinte à l'ordre public méritant une sanction pénale.

L'article 226-1 du Code pénal comporte de surcroît une exclusion dans laquelle s'engouffrent le plus souvent les prévenus : son dernier alinéa dispose que, si la violation du droit à l'image a été accomplie « au vu et au su des intéressés sans qu'ils s'y soient opposés alors qu'ils étaient en mesure de le faire », leur consentement est présumé.

---

1. Livre II, titre II, chap. VI, section 1.
2. Art. 226-1 du Code pénal.

Le cas type est celui d'une fête entre amis dans un lieu privé. Des photos sont prises, qui se retrouvent le lendemain sur Facebook sans l'accord des intéressés. Ce cas semble correspondre à la prévention de l'article précité du code pénal. Pourtant, il sera en pratique difficile de le mettre en œuvre dans un cadre pénal. Manifestement, la soirée s'est passée entre amis, la photo a été prise avec le consentement implicite des personnes, et elles ne s'y sont pas opposées. Le texte a dès lors peu de chance d'être appliqué.

Le *happy slapping*, ou lorsque la diffusion d'une image devient un délit

Le *happy slapping* désigne le fait de filmer l'agression physique d'une personne, généralement au moyen d'un téléphone mobile, pour ensuite la diffuser. En avril 2006, l'agression filmée d'une enseignante d'un lycée de la région parisienne avait fait scandale[1]. Comme souvent en pareil cas, le législateur français s'est emparé de l'affaire et a voté rapidement une loi faisant du *happy slapping* un délit spécifique. Pourtant, de l'avis de certains juristes, les textes généraux auraient pu s'appliquer à cette pratique malsaine.

C'est désormais l'article 222-33-3 du Code pénal qui punit le fait « d'enregistrer sciemment par quelque moyen que ce soit, sur tout support que ce soit, des images relatives à la commission [d'une infraction] ». Les peines encourues sont celles de l'infraction elle-même, l'auteur des images étant poursuivi pour complicité dans la commission de l'infraction. Le simple fait de recevoir ces images de violence puis de diffuser ou rediffuser cet enregistrement à d'autres est passible quant à lui de cinq ans d'emprisonnement et de 75 000 euros d'amende[2].

C'est dans ce contexte qu'est apparue la notion de « droit à l'image ». Le droit à l'image est une construction juridique qui a été essentiellement bâtie par l'institution judiciaire, et non par le législateur. Il s'agit en quelque sorte d'une des modalités imaginées par les juristes pour protéger la vie privée des personnes physiques.

L'idée qui le sous-tend est que chacun a le droit de maîtriser son image. Le principe du droit à l'image est énoncé par les juges généralement

---

1. Bastien Inzaurralde, *Libération*, *www.libération.fr*, 12 juin 2007, « La violence de l'agression ne vous a pas donné envie de poser le téléphone ? » L'agresseur, 13 ans, a été condamné par le tribunal correctionnel de Versailles à vingt mois de prison, dont douze fermes, et l'auteur de la vidéo, 14 ans, à trois mois de prison ferme.
2. Loi n° 2007-297 du 7 mars 2007, art. 44.

dans les termes suivants : « Toute personne a, sur son image et sur l'utilisation qui en est faite, un droit exclusif et peut s'opposer à sa diffusion sans son autorisation[1]. » Les fondements légaux de ce droit sont les articles 9 du Code civil[2] et 8 de la Convention européenne des droits de l'homme[3].

La question de l'autorisation donnée par la personne pour la reproduction de son image est évidemment centrale. Si elle a donné son autorisation, il n'y a pas *a priori* violation du droit. Dans le cas contraire, la violation est constituée et l'auteur de la reproduction sans droits doit acquitter des dommages et intérêts pour le préjudice qu'il a causé.

Le droit d'Internet connaît bien cette question. Le 10 février 1999, la cour d'appel de Paris avait sévèrement condamné[4] l'hébergeur gratuit altern.org pour avoir hébergé dix photos d'Estelle Lefébure, épouse H., « strictement privées la représentant dénudée » sans son autorisation. À l'époque, l'affaire avait fait grand bruit, car elle posait la question de la responsabilité du prestataire technique. La cour d'appel de Paris a introduit sa décision par le propos suivant : « Considérant que toute personne a sur son image et sur l'utilisation qui en est faite un droit absolu qui lui permet de s'opposer à sa reproduction et à sa diffusion sans son autorisation expresse et ce, quel que soit le support utilisé [...]. »

La portée et l'étendue d'une autorisation donnée à un tiers de reproduction ou de diffusion de son image s'apprécient très strictement par les tribunaux. L'autorisation doit bien évidemment être préalable, expresse et spéciale. Sur ce dernier point, cela signifie que l'autorisation doit préciser quelle est la finalité de la publication de l'image. Par exemple, une entreprise réalise un trombinoscope en rassemblant dans un document les photos de l'ensemble de ses collaborateurs qu'elle poste

---

1. Voir CA de Paris, 31 octobre 2001, D 2002, somm. 2374, note Marino.
2. Art. 9 du Code civil : « Chacun a droit au respect de sa vie privée. »
3. Art. 8 de la Convention de sauvegarde des droits de l'homme et des libertés fondamentales telle qu'amendée par le protocole n° 11 : « Toute personne a droit au respect de sa vie privée et familiale, de son domicile et de sa correspondance. »
4. CA de Paris, 10 février 1999, Estelle H./Valentin L., *www.legalis.net*. La condamnation en référé exigeait une provision de 300 000 francs, soit plus de 46 000 euros.

sur son site Web. L'autorisation écrite des collaborateurs est requise, et cette autorisation doit faire figurer cette finalité. En dehors du trombinoscope, l'entreprise n'a aucunement le droit de diffuser la photographie d'un de ses collaborateurs. S'il y a eu autorisation mais que la finalité ne soit pas respectée, la violation est également constituée.

Il en va de même du support choisi. *A priori*, l'autorisation pour une diffusion sur papier ne vaut pas autorisation pour les réseaux. C'est ce qu'a rappelé le tribunal de grande instance de Paris dans un jugement qui a été amplement commenté : « Toute personne dispose sur son image, partie intégrante de sa personnalité, d'un droit exclusif qui lui permet de s'opposer à sa reproduction sans son autorisation expresse et spéciale, de sorte que chacun a la possibilité de déterminer l'usage qui peut en être fait en choisissant notamment le support qu'il estime adapté à son éventuelle diffusion[1]. » Ainsi, une autorisation donnée pour une publication sur support papier, ne vaut pas autorisation pour un site Web et *vice versa*. Une autorisation pour un trombinoscope ne vaut pas autorisation pour une campagne de publicité, même sur le Web, etc.

Il est donc essentiel de préciser l'objet de l'autorisation en distinguant, le cas échéant, la prise de vue et sa diffusion, sur différents supports et à des fins spécifiques. Comme en matière de vie privée, la charge de la preuve pèse sur la personne qui se prévaut de l'autorisation, c'est-à-dire, le plus souvent, l'auteur de la publication.

La reconnaissance par les tribunaux du droit à l'image a eu la conséquence inattendue de faire entrer « l'image de soi » dans l'ère des affaires. Toute personne peut être tentée de monnayer son image sur une photo ou une vidéo et de menacer le diffuseur d'une action contentieuse si une transaction financière n'est pas opérée à son profit. Ce sont là des pratiques de plus en plus courantes. Les tribunaux doivent alors trancher entre droit à l'image et droit à l'information.

En février 2001, pour limiter les abus du droit à l'image, la Cour de cassation a pris en compte l'exception fondée sur les exigences de l'information

---

1. TGI de Paris, 17ᵉ chambre, 7 juillet 2003 ; *Legipresse*, n° 207, III, 196, décembre 2003.

du public dans le cas précis de la nécessité de rendre compte d'un sujet d'actualité. L'idée est que le droit à l'image ne peut faire échec à la diffusion d'une photographie rendue nécessaire par les besoins de l'information.

Dans une affaire où des photographies de victimes de l'attentat de la station RER Saint-Michel commis à Paris en juillet 1995 avaient été diffusées, photographies qui n'avaient pas été préalablement autorisées par ces mêmes victimes, la Cour de cassation a énoncé que « la liberté de communication des informations autorise la publication d'images des personnes impliquées dans un événement, sous la seule réserve du respect de la dignité humaine[1] ».

Pour bien montrer toute la complexité du montage juridique que constitue le droit à l'image, citons la théorie dite « de l'accessoire ». Cette théorie permet de suspendre le droit à l'image quand le cliché n'est pas centré sur une personne mais sur un événement d'actualité. Dans un cas jugé, un individu avait assigné en justice le journal *France Soir* pour avoir publié une photographie sur laquelle il figurait, illustrant un article faisant état d'une opération de police dirigée contre les milieux islamistes. Il arguait d'une atteinte au respect de sa vie privée dès lors que, « pratiquant israélite portant la barbe, il se trouvait, étant identifiable sur la photographie, assimilé aux personnes impliquées dans l'action de la police ».

La Cour de cassation a confirmé l'arrêt d'appel retenant que « la photographie était prise sur le seuil d'un bâtiment public, que rien ne venait isoler M. X. du groupe de personnes représentées sur la photographie, centrée non sur sa personne, mais sur un événement d'actualité, auquel il se trouvait mêlé par l'effet d'une coïncidence due à des circonstances tenant exclusivement à sa vie professionnelle ». La Cour de cassation ne lui a pas reconnu le droit à l'image, puisque la photo n'était pas centrée sur lui et qu'il se trouvait mêlé par hasard à un fait d'actualité.

Il est également possible d'écarter la mise en œuvre du droit à l'image quand la personne n'est pas identifiable. C'est la raison pour laquelle, *a contrario*, certains magistrats précisent, notamment à propos de personnes

---

1. Cass., 1re chambre civile, 20 février 2001, *Bull. civ.*, I, n° 42.

photographiées dans une manifestation publique, que le droit à l'image joue pour la diffusion de l'image « d'un individu aisément identifiable ». Le caractère non identifiable est parfois le corollaire du caractère accessoire de la personne. Il peut aussi résulter de la prise de vue, de trois quarts, par exemple, ou de techniques de « floutage » des visages.

Les magistrats estiment que la violation du droit à l'image suppose qu'un lecteur normalement attentif puisse discerner les traits de la personne représentée pour pouvoir la reconnaître. À l'inverse, à propos de la photographie d'un enfant handicapé reproduite dans un article sur un centre de rééducation fonctionnelle, la cour d'appel de Paris a estimé qu'il importait peu que « l'identité de l'enfant des demandeurs n'ait pas été divulguée, dès lors qu'il se trouvait, en dépit du léger maquillage dont il fait l'objet, parfaitement reconnaissable sur une photographie le représentant seul, en gros plan, avec une légende révélant la nature de son infirmité ».

Le droit à l'image est donc une construction complexe, qui est le fait des tribunaux et qui comporte un grand nombre d'exceptions. Ce droit ne concerne en outre que les personnes physiques. Pour les personnes morales, notamment les entreprises, la protection de l'image recourt à des techniques juridiques plus communes, comme la concurrence déloyale, la contrefaçon de marque ou plus simplement la responsabilité de droit commun[1].

Appréciation critique du rôle de la loi dans la défense de l'image

La question de la défense de l'image sur les réseaux, et notamment Internet, pose incidemment la question de la position de la loi dans le cyberespace. Notre propos n'est pas de discuter des différents moyens juridiques offerts aux victimes. Comme nous venons de le voir, ces moyens sont du domaine du droit de la presse, de la propriété intellectuelle ou de textes particuliers, comme ceux défendant la vie privée et insérés au Code pénal. Nous souhaitons plutôt nous demander si le droit, dans l'état

---

1. Art. 1382 du Code civil.

actuel, est véritablement utile à la défense de l'image, si les différentes techniques juridiques mises au point sont efficaces et, sinon, quelles évolutions attendre.

Avouons-le sans détour : le droit seul ne peut rien, ou pas grand-chose, pour la défense de l'image des personnes sur les réseaux, et ce principalement pour trois raisons :

- La technique autorise la reproduction, la diffusion et la modification de l'image à grande échelle, rapidement et sans coût. Face à ce paramètre constant et incontournable, les images se trouvent massivement sur le réseau et sont diffusées à une vitesse devant laquelle la loi et les tribunaux sont démunis. Le propriétaire de l'image « volée » se voit alors sans moyen de défense.

- L'image des personnes physiques ou morales sur Internet permet d'affirmer une présence sur les réseaux, d'y faire des affaires, etc. De plus, l'image s'échange. Le succès de sites tels que You Tube ou Daily Motion, voire des réseaux sociaux de type Facebook, montre que l'image circule largement, qu'elle se partage, se diffuse, se maquille, se modifie, et finit par échapper à tout contrôle.

- Il est très difficile d'identifier les auteurs d'infractions. Cette difficulté n'est pas propre à la question de l'image et concerne tous les faits délictueux qui prennent place en réseau, notamment les atteintes à la vie privée, la contrefaçon et la cybercriminalité en général.

Pour trouver une solution au problème du droit à l'image sur les réseaux, il faudrait que le législateur et la loi prennent conscience de l'existence de nouvelles normes qui façonnent la société et qui lui échappent et qu'ils composent avec elles. Ces normes sont la technique, les pratiques (norme comportementale) et les affaires (loi du marché). La société de l'information est régie par un corpus de normes qui ne sont pas toutes juridiques et qui disputent sa suprématie à la loi.

La situation peut être résumée dans les quatre niveaux de normes illustrés à la figure 9.1.

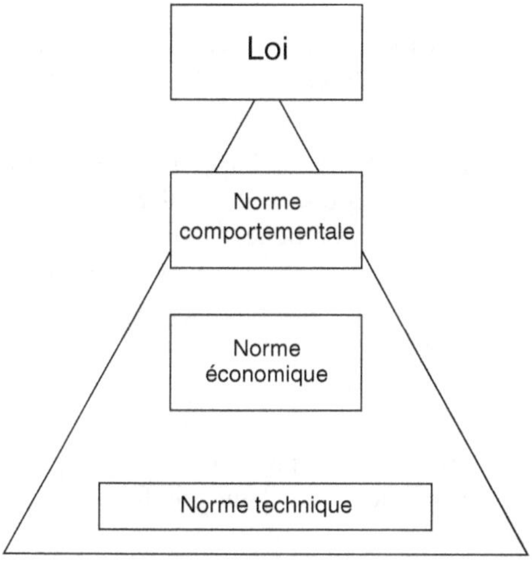

Figure 9.1 – Les quatre niveaux de normes

Appliquée à la conduite automobile, notre présentation pourrait s'exprimer de la façon suivante :

1. Le code de la route : c'est la loi, la norme suprême. Elle est en outre la seule norme démocratique du schéma, celle qui devrait prévaloir. Elle doit se placer en tête pour réguler le réseau.

2. La façon de conduire : c'est la norme comportementale, la manière d'être. Du fait de paramètres le plus souvent culturels, la manière d'être au volant d'un automobiliste résidant en Grèce n'est pas celle d'un Anglais ou d'un Portugais. Cette manière d'être influe sur la façon dont le législateur façonne le code de la route.

3. Les constructeurs automobiles : c'est la norme économique, les lois du marché, lesquelles influent sur la régulation. Le prix à payer pour notre sécurité en voiture ne correspond pas forcément à celui qu'est prêt à payer l'automobiliste pour l'acquisition d'une voiture. Les constructeurs le savent et dosent donc sécurité et prix.

4. Les automobiles : c'est la norme technique. Certains juristes parlent à propos de la norme technique de « lois fondamentales ». Le jour où

les véhicules terrestres seront techniquement capables de se mouvoir sur l'eau ou dans les airs, le code de la route s'en trouvera forcément bouleversé, de même qu'il s'est adapté lorsque les véhicules ont été capables d'atteindre certaines vitesses.

Cet exemple illustre la nécessité d'harmoniser les quatre niveaux de normes. Pour que l'individu reste le point d'arrivée de la régulation et que la loi, seule norme démocratique, l'emporte, le législateur doit agir de concert avec les trois autres niveaux de normes, non juridiques, et surtout maîtriser les normes techniques, ce qui est loin d'être le cas aujourd'hui s'agissant des États européens.

Soit la loi agit contre le système, et elle risque de rester lettre morte. Soit elle compose avec lui, en inventant une nouvelle façon de réguler la société, de nouvelles procédures plus rapides, capables de s'adapter à la vitesse des réseaux, et elle a une chance de faire prévaloir les valeurs qu'elle incarne.

Le respect du droit à l'image peut être un test de ce point de vue.

En conclusion

L'identité visuelle est centrale dans les réseaux numériques. Paradoxalement, malmenée, elle trouve refuge et protection dans la loi au travers d'une construction juridique, appelée droit à l'image, qui a des difficultés à s'affirmer sur les réseaux.

C'est probablement dans une meilleure articulation entre droit et technique que réside l'efficacité d'une protection du droit à l'image. En attendant, il faut avoir le courage de dire et reconnaître que la loi ne peut garantir une protection absolue du droit à l'image dans les réseaux numériques.

Les plaideurs sont condamnés à faire preuve d'imagination pour identifier leurs « agresseurs », les attraire devant la justice, se faire reconnaître un statut de victime, comme dans le cas de la nageuse rappelé en introduction, et obtenir le dédommagement de leurs préjudices.

Chapitre X

L'usurpation d'identité

Thierry, 35 ans, est employé de banque[1]. Passionné de photographie, il économise depuis plus d'un an pour s'acheter un appareil photo semi-professionnel avec boîtier reflex numérique, le Canon EOS 10D.

Sur le site de vente aux enchères eBay, il fait la connaissance d'une personne qui se présente comme le représentant en Espagne d'une agence de mode américaine. Cette agence disposerait de trois appareils de ce type dont elle n'aurait plus l'utilité et serait prête à les mettre en vente à bon prix.

Le site eBay a mis en place un système d'évaluation des vendeurs par les acheteurs et recommande aux acheteurs débutants de recourir à ce contrôle : « Vérifiez la réputation du vendeur en consultant son profil d'évaluations. Cliquez sur le nombre situé à côté du pseudo du vendeur : il est constitué par les notes et commentaires laissés par les autres membres lors des précédentes transactions de ce vendeur. »

Thierry a opéré le contrôle recommandé par eBay, et il est positif. Le vendeur dispose d'un excellent profil, 99 % des personnes ayant traité avec lui le déclarant fiable[2]. Thierry est rassuré, d'autant que le vendeur est très prévenant à son égard et n'a qu'une exigence : que la transaction soit réalisée en espèces via Western Union. Cette société financière indépendante d'eBay

---

1. Marie BELOEIL, « Usurpation d'identité : chronique d'une arnaque ordinaire sur un site d'enchères », *zdnet.fr*, « Actualités », 28 août 2003.
2. Extrait de « eBay expliqué », *http://pages.ebay.fr/education/acheter-et-vendre-en-confiance.html*, septembre 2007.

réalise des transferts d'argent aux quatre coins de la planète par le biais de 280 000 agences. Thierry se renseigne et tout lui paraît conforme.

Le 11 août 2003, il conclut le marché en effectuant un virement de 855 euros, une somme importante pour lui, mais un prix près de deux fois inférieur à celui du même appareil photo neuf. Malheureusement, il ne le recevra jamais. Thierry est victime d'une usurpation d'identité. Son correspondant n'était pas le vendeur mais un individu ayant usurpé son identité.

L'usurpateur a utilisé un mode opératoire classique. Il a d'abord détecté sur Internet des adresses e-mail de vendeurs enregistrés sur eBay. Il les a ensuite contactés par e-mail en se faisant passer pour eBay, réalisant une première usurpation d'identité. Il a fabriqué un e-mail à l'en-tête d'eBay et a demandé au destinataire de se connecter sur un site Web (créé par lui) par le biais d'un lien qu'il a fourni. Sur le faux site Web, toujours aux couleurs d'eBay, il a collecté de précieuses informations, en l'occurrence le mot de passe du compte eBay du vendeur puis a utilisé ce compte auprès de Thierry. Le tour était joué.

À en juger par les dizaines de réactions des lecteurs à un article de ZDNet relatant cette affaire, la mésaventure de Thierry n'est pas isolée. Certains messages étaient même pathétiques : « Un pirate essaie de vendre sur eBay un bateau avec mon profil et mon e-mail : comment le démasquer ? URGENT. » Le site d'enchères eBay assure que le phénomène est marginal et que tout est fait pour lutter contre l'usurpation d'identité.

Thierry ne serait certainement pas tombé dans le piège si son « vendeur » n'avait commis une double usurpation identité : l'une au préjudice d'eBay, l'autre au détriment de l'un de ses clients en compte.

L'usurpation d'identité ne date pas d'hier, mais elle connaît une nouvelle jeunesse avec Internet, les usurpateurs disposant d'outils de plus en plus sophistiqués pour réaliser des usurpations en cascade et atteindre leur objectif, le plus souvent financier.

L'analyse juridique du phénomène permet de constater avec étonnement qu'il n'existe pas à ce jour en droit français d'incrimination générale qui permette de lutter contre l'usurpation d'identité numérique. Les premières décisions judiciaires rendues en ce domaine appliquent des textes très éloignés du sujet, et la doctrine elle-même est balbutiante.

Usurpation d'identité et Internet

L'usurpation d'identité peut se définir comme la pratique par laquelle une personne utilise ou exploite sciemment les informations personnelles d'une autre personne à des fins illégales.

Dans la majorité des cas, l'usurpation d'identité a pour seul but de commettre une infraction pénale pour en retirer un avantage économique. Mais le phénomène a pris une telle ampleur sur Internet que l'usurpation peut aussi intervenir sans volonté de commettre un délit. Par exemple, s'identifier à sa star préférée, réaliser un canular, obtenir un rendez-vous galant, prendre la parole dans un forum de discussion de manière affirmée en se cachant derrière un statut qu'on n'a pas, etc.

Il convient de distinguer l'usurpation d'identité de la fausse identité, encore appelée *fake profile* (« faux profil »), laquelle ne cherche pas à capter l'identité d'un tiers. Il se pourrait toutefois que cette fausse identité se trouve involontairement être celle d'un autre. Nous ne traitons dans ce chapitre que de l'usurpation d'identité commise intentionnellement dans le but de commettre une infraction.

L'usurpation d'identité nécessite l'enchaînement de deux actes successifs :

- la collecte d'informations personnelles ;
- l'utilisation ou l'exploitation de ces informations personnelles de tiers.

Par exemple, l'usurpateur a obtenu le numéro de carte bancaire de la victime en regardant par-dessus son épaule lorsqu'ils faisaient la queue ensemble dans un supermarché ou dans des papiers retrouvés ou encore en fouillant dans une poubelle. Il a ensuite utilisé ces informations sur Internet.

L'usurpation d'identité n'est pas née avec la société de l'information. Aux États-Unis, de nombreuses compagnies d'assurance proposent depuis longtemps des contrats protégeant contre l'usurpation d'identité[1]. Selon la Federal Trade Commission[2], 9,3 millions d'Américains ont été victimes en 2004 d'une usurpation d'identité, telle que, par ordre d'importance

---

1. Par exemple, PrivacyGuard, « Identity Theft », *www.ralphs.com/finance*.
2. *Consumer Protection, www.ftc.gov*.

décroissante, l'usurpation d'une carte bancaire existante, l'usurpation d'une carte bancaire inexistante, l'usurpation d'identité pour un compte bancaire existant ou non, l'usurpation d'un numéro de Sécurité sociale.

L'avènement de l'Internet pour tous, ou presque, a placé sur le devant de la scène cette vieille technique de fraude, et ce pour au moins cinq raisons :

- Internet est un outil précieux pour la collecte de données à caractère personnel. On peut facilement « sniffer » l'information ou tout simplement la lire. Par exemple, les blogs personnels livrent quantité d'informations personnelles sur leurs auteurs, parfois même financières, sans parler des réseaux sociaux (Facebook, MySpace, etc.). L'association de consommateurs américaine Consumer Reports[1] prétend que les services de messagerie servent souvent de relais aux malfrats pour recueillir l'information. Ils mettent en particulier en garde contre tous les espaces de dialogue préférés des mineurs (chat, blog, etc.), où de très nombreuses informations circulent. Les moteurs de recherche sont également de puissants et involontaires alliés des fraudeurs. Il suffit de saisir un prénom et un nom sur Google pour que de nombreuses informations indexées soient dévoilées. De ce fait, Internet est devenu le lieu de travail naturel et quotidien des usurpateurs.

- Internet a bousculé le concept même d'identité. On y prend vite l'habitude de se créer des identités et de les supprimer aussi vite. On est entré dans l'ère des identités jetables. Non seulement la multiplication des identités est facilitée par l'architecture du réseau, mais elle est quasi gratuite. Si les identités peuvent s'y multiplier aussi aisément, pourquoi ne pas prendre celle d'un autre ? Rien ni personne ne peut techniquement l'empêcher.

- L'interopérabilité du réseau et son caractère mondial autorisent la fraude à grande échelle. L'utilisation de faux e-mails aux quatre coins de la terre peut engendrer des milliers de victimes en très peu de temps. L'acte frauduleux peut alors générer un butin d'importance. L'espoir de gain grandissant, la pratique se développe en conséquence.

---

1. *Stop ID thieves, www.consumerreports.org*, septembre 2007.

- Internet autorise des usurpations de plus en plus audacieuses et complexes à détecter. Dans le monde réel, il est extrêmement difficile pour un usurpateur d'installer une fausse agence bancaire et d'y accueillir de vrais clients. Outre sa difficulté pratique, une telle manœuvre relèverait de l'escroquerie en bande organisée et serait très onéreuse. En revanche, réaliser et mettre en ligne un site Web qui soit la copie conforme du site d'une grande enseigne, notamment une grande banque, est un jeu d'enfants et peut s'effectuer à faible coût. Il n'est pas non plus bien compliqué pour l'usurpateur d'attirer la victime sur ce site. Pour cette raison, l'usurpation d'identité concerne au premier chef le système bancaire, qui rend des services au moyen des réseaux de communication électronique.

- Les autorités publiques du lieu de résidence des victimes sont désemparées tant pour identifier les usurpateurs que pour les poursuivre et les faire condamner. Internet autorise l'usurpateur à agir dans un anonymat relatif. En outre, le caractère transnational du réseau ne facilite pas la tâche de la police ni de la justice. Cette situation de relative impunité constitue un « pousse-au-crime ». S'y ajoute une des caractéristiques de l'usurpation d'identité : la découverte de l'usurpation prend du temps, souvent plusieurs mois, rendant d'autant plus difficile l'identification et la poursuite de l'usurpateur.

Les techniques de collecte d'une identité

Il est évidemment difficile d'obtenir des statistiques fiables sur un phénomène par essence clandestin, mais des experts estiment que l'auteur d'une usurpation est le plus souvent un familier de la victime. Le moyen le plus facile pour obtenir des informations sur une personne est évidemment de la côtoyer. Ce type de collecte n'est d'ailleurs pas forcément illégal. L'usurpateur n'a enfreint aucun système, n'a violé aucun code confidentiel ; il a simplement obtenu l'information du fait de sa relation privilégiée avec la victime.

Une autre façon simple d'obtenir des informations est de consulter Internet et sa gigantesque base de données. Sites Web, pages personnelles et moteurs de recherche recèlent quantité de données personnelles, parfois confidentielles. Il suffit de se servir. Cette collecte d'information n'a rien d'illégale non plus dès lors qu'il s'agit de prendre connaissance d'une information publique et que l'information collectée ne fait pas l'objet d'un « traitement à caractère personnel », lequel est couvert par la loi informatique et libertés.

À l'image des associations de consommateurs telles que Consumer Reports, on ne saurait trop mettre en garde les parents contre la propension des mineurs à divulguer une masse d'informations susceptibles d'être détournées par des malfaiteurs.

La façon la plus médiatique, quoique sans doute pas la plus importante en nombre, d'obtenir des informations personnelles est l'intrusion frauduleuse dans des bases de données contenant des informations personnelles confidentielles. Les journaux se font régulièrement l'écho de tel marchand à qui l'on a dérobé les numéros de carte bancaire de ses clients. Ici, l'information est recherchée auprès de tiers auxquels les victimes ont fourni en toute confiance des données à caractère personnel.

Phishing, pharming, spoofing

L'information convoitée peut également être obtenue par des techniques sophistiquées, telles que le *phishing*, le *pharming* et le *spoofing*, qui se sont développées ces dernières années et qui sont souvent propres à Internet. Leur visée commune est de se rapprocher de leurs victimes par des manœuvres dites de *social engineering*, c'est-à-dire des mises en scène bâties sur des conventions sociales admises en vue de troubler psychologiquement les victimes et de recueillir ces informations.

Le phishing, ou « hameçonnage[1] », est la technique la plus connue. Elle générerait tous les ans plusieurs dizaines de millions d'euros de fraude. En 2004, on aurait recensé 31 000 attaques dans le monde, représentant

---

1. La commission générale de terminologie et de néologie, commission administrative placée sous l'autorité du Premier ministre, a choisi le terme « filoutage », totalement inusité. Sur l'origine terminologique de phishing, plusieurs explications sont en concurrence. La plus courante est qu'il serait la contraction des mots phreaking, qui désigne le piratage de centraux téléphoniques pour appeler gratuitement, et fishing, la pêche.

131,2 millions de dollars de fonds détournés[1]. C'est elle qui est utilisée dans le cas présenté en introduction. Elle consiste à adresser un e-mail à un utilisateur en se faisant passer pour une institution ou une entreprise. L'e-mail comporte le plus souvent l'en-tête de cette institution ou de cette entreprise ou reproduit son logo. Par son texte, il invite le destinataire à se diriger vers un faux site Web, toujours aux couleurs de l'institution ou de l'entreprise. Lorsque celui-ci se retrouve sur le site, il lui est demandé de saisir des informations confidentielles le concernant.

Le pharming est une technique d'usurpation plus sophistiquée, qui consiste en un véritable acte de piratage du système de nommage Internet. En clair, l'auteur du délit pirate un nom de domaine Internet, par exemple celui d'une banque. La victime, cliente de la banque, saisit comme à l'accoutumée dans son navigateur l'adresse Internet de sa banque pour procéder à des opérations sur son compte bancaire. Comme le nom de domaine a été piraté, elle est en fait dirigée à son insu vers un faux site en tout point semblable à celui de sa banque. Elle fournira alors, sans le savoir, des informations personnelles et confidentielles qui seront utilisées par la suite par l'usurpateur.

Le spoofing est une variante de cette technique, qui consiste à pirater l'adresse IP d'une machine pour se l'approprier[2]. Les usurpateurs utilisent aussi parfois des logiciels malveillants, de type virus ou cheval de Troie, pour s'introduire dans un système d'information pour récupérer des données à caractère personnel.

Au final, on assiste à une sophistication des méthodes d'usurpation. Ces dernières sont en si constante évolution que celles que nous avons décrites seront probablement dépassées dans quelques mois. C'est la course séculaire du « gendarme et du voleur », dans laquelle le voleur a toujours une longueur d'avance.

---

1. « 2004 vue en dix chiffres », *Le Journal du Net*, 23 décembre 2004, *www.journaldu-net.com*.
2. « L'usurpation d'adresse IP », *http://www.commentcamarche.net/attaques/usurpation-ip-spoofing.php3*.

L'usurpation d'identité et le droit

Le terme de « vol d'identité » est souvent utilisé à tort pour qualifier l'usurpation d'identité. Cette mauvaise habitude est importée des États-Unis, où l'on parle d'*identity theft*. Cette expression est impropre en droit français pour au moins trois raisons :

- L'usurpation d'identité n'est pas systématiquement précédée d'un vol d'informations personnelles. En d'autres termes, il peut y avoir usurpation sans vol.

- À supposer que l'identité d'un tiers ait été utilisée à son insu, la victime n'est pas pour autant *dépossédée* de son identité, comme elle le serait de son automobile ou de son portefeuille. Mieux vaudrait donc parler d'identité copiée plutôt que volée.

- En droit français, le délit de vol recouvre un type d'acte précis, visé à l'article 311-1 du Code pénal, qui ne concerne en aucun cas l'usurpation d'identité[1]. Il s'applique à l'appréhension de choses matérielles, telles qu'une chaise, une voiture, de l'argent liquide[2], et non d'éléments aussi immatériels que l'e-mail, l'adresse IP, le mot de passe, le nom, etc.

C'est donc d'usurpation, et non de vol, d'identité qu'il convient de parler.

En dépit d'une actualité brûlante et bien que cette pratique ne date pas de l'ère Internet, on est surpris de constater que le droit français ignore l'infraction générale d'« usurpation d'identité » et ne connaît de l'usurpation que certains cas très particuliers.

Le Code pénal constitue en délit le fait d'utiliser une fausse identité dans un acte authentique, c'est-à-dire un acte établi, signé et revêtu du sceau de l'État reçu par un officier public ou un notaire[3]. Le même texte punit dans les mêmes termes le fait d'utiliser « un nom ou un accessoire du nom autre que celui assigné par l'état civil » dans un document

---

1. Le vol y est défini comme « la soustraction frauduleuse de la chose d'autrui ».
2. En vue de pénaliser le vol d'électricité, le législateur a créé une incrimination spécifique par l'article 311-2 du Code pénal, qui prévoit que « la soustraction frauduleuse d'énergie au préjudice d'autrui est assimilée au vol ».
3. Art. 433-19 du Code pénal.

administratif destiné à l'autorité publique. Ce délit est puni des peines maximales de six mois d'emprisonnement et de 7 500 euros d'amende.

De même, le Code de procédure pénale[1] punit de 7 500 euros d'amende le fait de prendre un faux nom ou une fausse qualité pour se faire délivrer un extrait de casier judiciaire ou de provoquer une inscription erronée à ce même casier judiciaire par une fausse déclaration d'identité.

Comme nous le constatons, ces cas visés par la loi sont extrêmement restrictifs et sont loin de s'appliquer au monde numérique, notamment au phishing. Il s'agit pour l'essentiel de protéger le fonctionnement de l'État et de renforcer la crédibilité des actes délivrés par lui ou ses serviteurs.

Seul l'article 434-23 du Code pénal vise une infraction qui pourrait, dans un cas là encore particulier, trouver à s'appliquer à l'usurpation d'identité dans les réseaux. Il s'agit du « fait de prendre le nom d'un tiers, dans des circonstances qui ont déterminé ou auraient pu déterminer contre celui-ci des poursuites pénales », qui est puni de cinq ans d'emprisonnement et de 75 000 euros d'amende.

En résumé, le Code pénal ne reconnaît l'usurpation d'identité qu'à deux conditions précises et cumulatives : l'auteur de l'usurpation a pris le nom d'un tiers *avec* l'intention de rendre ce tiers passible d'une sanction pénale. Le texte vise en quelque sorte l'usurpation dans un but de vengeance. L'auteur du délit usurpe l'identité de la victime avec le dessein de lui faire courir un risque juridique pénal. Par exemple, a été jugé qu'entrait dans la prévention de l'article 434-23 le fait d'usurper l'identité de personnes et de tenir des propos qui « contenaient des imputations portant atteinte à l'honneur ou à la considération de personnes nommément désignées[2] ».

Nous voyons immédiatement plusieurs difficultés à appliquer ce texte à l'identité numérique, à commencer par l'étroitesse du cas traité. Il paraît difficile ou hasardeux d'appliquer l'article 434-23 du Code pénal à un cas de phishing, puisque son but n'est pas de faire courir un risque à la

---

1. Art. 781 du Code de procédure pénale.
2. Cass., chambre criminelle, 29 mars 2006, *Juris Data*, n° 2006-033128.

victime de l'usurpation, mais d'obtenir un avantage financier d'un tiers également victime.

Une autre difficulté tient à la première condition posée par le texte, à savoir l'usurpation du « nom d'un tiers » : peut-on assimiler une adresse e-mail, un mot de passe, un nom de domaine ou une adresse IP au « nom d'un tiers » ? À ce jour, nous ne connaissons aucune jurisprudence qui aille dans ce sens. Le droit pénal étant d'interprétation stricte, le « nom » recouvre une réalité juridique précise.

Dans le cas d'e-mails reproduisant un message, par exemple d'une fausse banque, et faisant figurer une signature qui reproduit un nom usurpé, le délit pourrait s'appliquer. Mais les usurpateurs avertis n'auraient aucune difficulté à passer au travers des mailles du filet en ne reproduisant aucun nom et en se limitant à une apparence trompeuse.

Vide juridique

Les rares décisions judiciaires rendues traduisent bien l'embarras des juges. Deux décisions du tribunal correctionnel de Paris visant des cas de phishing ont été publiées.

La première affaire concerne un étudiant en BTS d'informatique qui avait reproduit des sites du Crédit lyonnais et du Crédit agricole normand. Il avait acheté les noms de domaine reproduisant les noms des banques au moyen « d'une carte bancaire prêtée par un ami demeurant en Algérie » et avait fait héberger ses faux sites en Allemagne[1]. Après avoir collecté des données de clients de ces banques, il avait tenté d'effectuer des virements à son profit. Plus pittoresque, la seconde affaire implique un individu ayant réalisé une fausse page d'enregistrement MSN Messenger (Microsoft) pour recueillir les données personnelles des inscrits. Le Tribunal n'a pas précisé à quelle fin devaient servir ces informations[2].

Dans aucun de ces deux cas les juges n'ont fait application de l'article 434-23 du Code pénal. Ils ont retenu dans le premier la tentative d'escroquerie et l'accès frauduleux à un système de traitement automatisé

---

1. TGI de Paris, 2 septembre 2004, Radhouan M./*www.foruminternet.org*.
2. TGI de Paris, 21 septembre 2005, Microsoft Corp./Robin B., *www.legalis.net*.

de données, et dans le second la contrefaçon de marques déposées par la société Microsoft. Il n'est donc pas question dans l'une ou l'autre d'usurpation d'identité.

Les peines prononcées ont été modérées : un an de prison avec sursis total et sans peine d'amende pour le premier, assortis de 11 000 euros de dommages et intérêts aux deux banques et à l'un des clients, et 500 euros d'amende avec sursis pour le second, assortis de 700 euros de dommages et intérêts à Microsoft.

Au niveau européen et mondial, les deux directives communautaires traitant des données à caractère personnel, dont une dédiée à l'environnement des technologies de l'information[1], de même que la Convention sur la cybercriminalité, signée à Budapest par plus de trente États, dont les pays membres de l'Union européenne, les États-Unis et le Japon[2], le 23 novembre 2001 et entrée en application en juillet 2004, ne contiennent aucune disposition spécifique et explicite visant l'usurpation d'identité numérique.

En l'absence d'un délit spécifique et général, les qualifications juridiques le plus souvent citées sont les suivantes :

- Si l'usurpation d'identité vient au soutien d'une infraction de droit commun, c'est cette dernière qui caractérise le délit lui-même. Par exemple, lorsque la motivation est financière, le délit d'escroquerie sera généralement constitué. C'est la qualification la plus souvent citée à ce jour en doctrine[3]. Aux termes de l'article 313-1 du Code pénal, l'escroquerie est « le fait [...] par usage d'un faux nom ou d'une fausse qualité [...] de tromper une personne physique ou morale et de la déterminer ainsi, à son préjudice ou au préjudice d'un tiers, à

---

1. Parlement européen et Conseil de l'Europe, directive 95/46/CE du 24 octobre 1995, relative à la protection des personnes physiques à l'égard du traitement des données à caractère personnel et à la libre circulation de ces données, et directive 2002/58/CE du 12 juillet 2002, concernant le traitement des données à caractère personnel et la protection de la vie privée dans le secteur des communications électroniques (directive vie privée et communications électroniques).
2. Disponible sur *http://conventions.coe.int*.
3. Natacha MARTIN, « Phishing : what's Happening ? Quelles solutions juridiques pour lutter contre le phishing ? », *Expertises*, février 2006, p. 65.

remettre des fonds, des valeurs ou un bien quelconque, à fournir un service ou à consentir un acte opérant obligation ou décharge ». Le délit d'escroquerie est puni des peines maximales de cinq ans d'emprisonnement et de 45 000 euros d'amende.

- Si l'usurpation d'identité, en particulier sur Internet, passe par la réalisation d'un faux, c'est le délit de faux visé à l'article 441-1 du Code pénal qui s'applique[1]. Selon ce texte, « constitue un faux toute altération frauduleuse de la vérité, de nature à causer un préjudice et accompli par quelque moyen que ce soit, dans un écrit ou tout autre support d'expression de la pensée qui a pour objet ou qui peut avoir pour effet d'établir la preuve d'un droit ou d'un fait ayant des conséquences juridiques ». Le délit de faux est puni de trois ans d'emprisonnement et de 45 000 euros d'amende.

- Si l'usurpation d'identité met en œuvre une contrefaçon de marque ou de droit d'auteur, ces deux délits peuvent s'appliquer. Dans l'une des deux affaires évoquées précédemment, le tribunal a retenu que l'auteur de l'usurpation avait reproduit sur un faux site Web les marques de la société Microsoft. Cette qualification intéressante ne peut s'appliquer à une personne, qui n'est ni une marque, ni une œuvre de l'esprit protégée par le droit d'auteur.

- Si l'usurpation d'identité ne fait l'objet d'aucune faute, un courant doctrinal veut que le nom soit l'objet d'un droit de propriété au sens de l'article 544 du Code civil. Sa simple atteinte, même sans faute, suffirait à fonder une action en justice. C'est ce qu'a reconnu une très ancienne jurisprudence qui relève que « le demandeur doit être protégé contre toute usurpation de son nom même s'il n'a subi de ce fait aucun préjudice[2] ».

Les conditions de poursuite et de sanctions de l'usurpation d'identité sont donc en France assez incertaines. Pour cette raison, le sénateur Michel Dreyfus-Schmidt a déposé en 2005 une proposition de loi « tendant

---

1. Olivier ITEANU, « Usurpation d'identité, la loi ou la technique pour se protéger », *Journal du Net*, 9 mars 2004, *www.journaldunet.com*.
2. TGI de Marseille, 9 février 1965, D. 1965 270.

à la pénalisation de l'usurpation d'identité numérique sur les réseaux informatiques ». Son objectif était d'insérer une nouvelle infraction au Code pénal destinée à protéger les personnes, physiques ou morales, publiques ou privées, de toute usurpation de leur « identité numérique ».

Il s'agissait d'insérer au Code pénal un nouvel article 323-8 ainsi rédigé :

> « Est puni d'une année d'emprisonnement et de 15 000 euros d'amende le fait d'usurper sur tout réseau informatique de communication l'identité d'un particulier, d'une entreprise ou d'une autorité publique. [...] Les peines prononcées se cumulent, sans possibilité de confusion, avec celles qui auront été prononcées pour l'infraction à l'occasion de laquelle l'usurpation a été commise. »

À l'heure où ces lignes sont écrites, ce texte en est toujours au stade de proposition, en dépit de son caractère plus qu'opportun dans l'environnement numérique que nous connaissons.

En conclusion

L'usurpation d'identité est une infraction ancienne, mais qui connaît un regain de jeunesse avec Internet. Elle a trouvé dans les réseaux numériques un outil de collecte d'informations personnelles sans pareil. Les identités des victimes sont éparpillées à portée de clavier aux quatre coins du réseau (blogs, réseaux sociaux, moteurs de recherche, etc.), et il n'y a plus qu'à les collecter. Surtout, en développant des techniques propres au réseau, telles que le phishing, les malfaiteurs trouvent dans le réseau, par une cascade d'usurpations d'identités, le moyen de collecter des données à caractère personnel puis de réaliser leurs délits en ligne, en un temps bref et à coût quasiment nul.

De manière étonnante, la loi ignore le délit d'usurpation d'identité et ne connaît que quelques cas très particuliers, qui ne permettent pas de poursuivre aisément les auteurs de phishing. Cette lacune se traduit par une jurisprudence si incertaine qu'il est devenu urgent que le droit évolue.

Chapitre XI

Google plus fort
que le casier judiciaire

Voici une histoire imaginaire, dans laquelle toute ressemblance avec des personnages existants ou ayant existé ne serait que pure coïncidence.

Théodore est un cadre sans histoire d'une grande entreprise européenne. Un matin, il découvre que son visage fait la une de tous les quotidiens et que son nom est répété à l'envie dans les radios et télévisions à l'occasion de chaque flash d'information. Son cauchemar va durer plusieurs jours.

Théodore se trouve être l'acteur principal d'une sale affaire qui défraye la chronique. L'entreprise qui l'emploie a toléré des pratiques illégales, mais, en tant que responsable du service mis en cause, on lui demande d'assumer la faute. Pris dans la tourmente, lâché par sa direction, il est renvoyé quelques semaines plus tard devant les tribunaux et condamné au titre des faits rapportés par la presse.

Théodore accuse le coup et accepte la sentence. Il décide de ne pas faire appel du jugement parce que le tribunal a ordonné la dispense d'inscription de sa condamnation au casier judiciaire. Il décide donc de tourner la page.

C'est sans compter sur Google. Théodore dispose, malheureusement pour lui, d'un prénom et d'un nom si peu répandus que tout internaute qui les saisit dans le moteur recherche plus de cinq ans après les faits voit immanquablement s'afficher les articles de presse relatant la malheureuse affaire. Google se révèle plus fort que le casier judiciaire.

La politique criminelle s'appuie sur un ensemble de peines pour réguler la société et sanctionner les agissements déviants. Au premier rang de ces sanctions viennent la privation de liberté avec l'emprisonnement et la sanction pécuniaire payée à l'État avec l'amende. Il existe aussi des peines dites infamantes, dont l'objectif est de désigner le condamné à la réprobation publique. Historiquement, la dégradation et le bannissement figuraient au rang de ces peines. Chacun se souvient de la dégradation publique du capitaine Alfred Dreyfus dans la cour d'honneur des Invalides et du retentissement qu'avait provoqué l'exécution de la peine. Aujourd'hui, la publication des décisions judiciaires dans la presse est la forme moderne de désignation du condamné à la réprobation populaire.

Mais la politique criminelle n'a pas pour objectif que la seule sanction. Elle se soucie également de la réintégration du délinquant et du criminel au sein de la société. Une fois qu'un condamné a payé sa dette à cette dernière, il est quitte vis-à-vis d'elle. La société doit donc l'accueillir à nouveau en lui accordant les mêmes droits que tout autre citoyen. Pour faciliter ce retour, les tribunaux ont la faculté d'ordonner que la décision de condamnation soit dispensée d'inscription au casier judiciaire de l'intéressé.

Pour toutes ces raisons, le recensement des peines et leur publicité ont toujours été étroitement réglementés. Il faut en effet ménager deux des objectifs de la politique criminelle : d'une part, apaiser les conflits, dans la mesure où la publicité d'une décision judiciaire peut réactiver les passions ; d'autre part, permettre au condamné de se réinsérer dans la société. Une publicité systématique et non contrôlée peut aboutir à créer des situations où un condamné devient le paria de la société, alors que sa dette vis-à-vis d'elle est payée. Cette approche réfléchie et mesurée n'est-elle pas remise en cause par les nouveaux outils de communication tels que les moteurs de recherche, dont les méthodes d'indexation aboutissent au recensement sans discernement de toute affaire judiciaire rapportée sur les réseaux, et ce pour un temps indéfini ? Incidemment, cette question en soulève une autre : peut-on échapper à son identité numérique ?

Le casier judiciaire national automatisé

Situé à Nantes, le casier judiciaire, de son vrai nom « casier judiciaire national automatisé », est un fichier informatisé tenu sous l'autorité du ministre de la Justice. Il recense toutes les condamnations définitives prononcées principalement pour crime, délit et contravention d'une certaine gravité[1]. Le casier judiciaire est donc un fichier extrêmement sensible.

Le casier judiciaire est divisé en bulletins, classés selon l'importance des informations qu'ils comportent :

- Le bulletin n° 1 est le relevé intégral du casier judiciaire concernant une personne donnée. Il n'est délivré qu'aux autorités judiciaires et à la personne concernée lorsqu'elles en font la demande au procureur de la République près le tribunal de grande instance du lieu de résidence de la personne ou du siège social s'il s'agit d'une personne morale.

- Le bulletin n° 2 est le relevé partiel du casier judiciaire de la personne concernée. Il est délivré aux administrations publiques de l'État et à certaines collectivités territoriales, notamment lorsqu'elles sont saisies de demandes d'emplois publics ou de soumissions pour des adjudications de travaux ou marchés publics pour les personnes morales.

- Le bulletin n° 3 recense toutes les condamnations à deux ans de prison fermes au minimum ou à des peines d'emprisonnement inférieures si la juridiction qui a prononcé la condamnation a ordonné la mention de la condamnation audit bulletin. Il est délivré sur demande à toute personne concernée, c'est-à-dire la personne sujet de l'extrait elle-même. Cependant, un employeur ou futur employeur peut demander l'extrait n° 3 du casier judiciaire d'un salarié à la condition que celui-ci lui en donne l'autorisation.

Le casier judiciaire est une institution utile à la défense de la société. Il permet notamment d'établir la preuve d'une récidive à partir des antécédents judiciaires d'une personne. Dans le système judiciaire, la récidive

---

1. Seules figurent au casier judiciaire les contraventions de cinquième classe.

entraîne automatiquement l'aggravation des peines encourues par la nouvelle infraction.

La loi informatique et libertés rappelle que les traitements relatifs aux infractions, condamnations et mesures de sûreté ne peuvent être mis en œuvre que par les juridictions, les autorités publiques et les personnes morales gérant un service public ainsi que les auxiliaires de justice pour les stricts besoins de l'exercice des missions qui leur sont confiées par la loi. Le casier judiciaire est l'un de ces traitements gérés par l'État.

Cependant, la même loi modifiée en 2004 introduit une disposition étonnante et controversée : elle prévoit que le droit d'établir de tels traitements d'infractions est également ouvert aux « personnes morales mentionnées aux articles L321-1 et L333-1 du Code de la propriété intellectuelle [les sociétés d'auteurs], agissant au titre des droits dont elles assurent la gestion ou pour le compte des victimes d'atteinte aux droits [victimes de contrefaçons] aux fins d'assurer la défense de ces droits[1] ».

Ainsi donc, les Sacem et autres sociétés d'auteurs se voient reconnaître le droit de collecter les adresses IP des « pirates et contrefacteurs » et d'enregistrer cette collecte dans un traitement. En pratique, les sociétés d'auteurs constateraient sur les réseaux la présence de fichiers mis en partage qui reproduiraient les œuvres dont ils assurent la gestion (musique, vidéos, livres), puis collecteraient les adresses IP des machines qui offrent ces œuvres piratées pour les recenser dans un « fichier ». Cette collecte d'adresses IP serait effectuée la plupart du temps par des salariés de ces sociétés d'auteur qui auraient été préalablement agréés par le ministère de la Culture. Ce constat et ce traitement serviraient ensuite à l'établissement de procès-verbaux d'infractions, préludes à des actions judiciaires.

Le législateur n'ouvre cette possibilité de fichage qu'après autorisation préalable délivrée par la CNIL. La première société d'auteurs à avoir obtenu l'autorisation de la CNIL pour recenser les adresses IP de certains adeptes du peer-to-peer fut le SELL (Syndicat des éditeurs de logiciels de loisirs)[2].

---

1. Art. 9 de la loi n° 78-17 du 6 janvier 1978 relative à l'informatique, aux fichiers et aux libertés.
2. *www.sell.fr.*

Ce syndicat justifiait sa demande par son projet d'envoyer des messages instantanés de prévention aux internautes pris en flagrant délit de contrefaçon des logiciels dont il assure la gestion. Il se réservait la possibilité de faire établir des procès-verbaux par ses agents assermentés pour engager ensuite des poursuites judiciaires sur cette base contre les internautes.

La CNIL a autorisé ce traitement[1] en justifiant sa délibération par le fait que le SELL s'engageait à ce que les adresses IP relevées ne fassent l'objet ni de conservation, ni d'échange avec des tiers. La décision de la CNIL fut tout autre pour la demande commune de la Sacem (Société des auteurs, compositeurs et éditeurs de musique), de la SDRM (Société pour l'administration du droit de reproduction mécanique), de la SCPP (Société civile des producteurs phonographiques) et de la SPPF (Société civile des producteurs de phonogrammes en France), à laquelle elle opposa un refus.

Ces sociétés d'auteurs envisageaient la conservation des adresses IP des internautes. Pour la CNIL[2], les dispositifs présentés n'étaient pas proportionnés à la finalité poursuivie : ils n'avaient pas pour objet la réalisation d'actions ponctuelles strictement limitées au besoin de la lutte contre la contrefaçon et, d'autre part, ils pouvaient aboutir à une collecte massive de données à caractère personnel et permettaient la surveillance exhaustive et continue des réseaux d'échanges de fichiers en peer-to-peer.

Les sociétés d'auteurs ont contesté la décision de refus de la CNIL et formé un recours en annulation devant le Conseil d'État. Le 23 mai 2007, la haute juridiction relançait la « chasse aux pirates » en annulant la décision de la CNIL sur le fondement d'une erreur manifeste d'appréciation. Le Conseil d'État considérait notamment que le traitement envisagé était parfaitement proportionné aux buts poursuivis au regard de l'infime proportion des titres surveillés rapportés à la masse des fichiers échangés quotidiennement.

---

1. Délibération du 24 mars 2005.
2. Délibération du 29 octobre 2005.

La CNIL, contrainte et forcée, dut autoriser les dispositifs proposés par les sociétés d'auteurs.

Cependant, l'obtention des adresses IP des internautes contrefacteurs n'est pas une fin en soi. Encore faut-il, pour les poursuivre ou simplement les contacter, obtenir leurs coordonnées de leurs fournisseurs d'accès. Or, aujourd'hui, ces derniers ne transmettent les informations relatives à leurs abonnés que sur réquisition judiciaire, c'est-à-dire une fois les poursuites lancées. Par ailleurs, la constitution de fichiers par les ayants droit des auteurs ne peut avoir d'autre but que la transmission d'informations à la justice dans la perspective d'une poursuite pénale. L'envoi de messages « pédagogiques », consistant par exemple en un simple rappel de la loi, n'est pas possible, sauf à détourner la finalité de ces fichiers.

Le gouvernement envisage à présent de rétablir la riposte graduée, dont les sanctions seraient non plus pénales mais civiles. Reprenant à son compte les propositions de Denis Olivennes, président de la FNAC, dans son rapport sur le « développement et la protection des œuvres culturelles sur les nouveaux réseaux[1] », la ministre de la Culture souhaite faire voter une loi au printemps 2008 autorisant les auteurs à saisir directement l'Autorité de régulation des mesures techniques (ARMT) en vue d'appliquer des mesures de sanction auprès des internautes suspectés de téléchargement illicite.

Pris en flagrant délit de téléchargement, l'internaute recevra un premier courrier. S'il persiste, la mesure ira jusqu'à la suspension de son abonnement, voire à la coupure de la ligne pour les plus récalcitrants. Un fichier des internautes dont l'abonnement aura été résilié sera constitué afin d'éviter que ces derniers aillent se réabonner auprès d'un autre prestataire. Ce mécanisme fait l'économie de la justice, jugée trop longue, trop coûteuse, trop aléatoire et trop éloignée des préoccupations du secteur du divertissement.

---

1. Rapport disponible à l'adresse *http://www.culture.gouv.fr/culture/actualites/index-olivennes231107.htm.*

Les principaux fichiers de police

Le STIC (système de traitement des infractions constatées) répertorie des informations provenant des comptes rendus d'enquêtes effectuées après l'ouverture d'une procédure pénale. Le STIC peut être consulté dans le cadre des enquêtes administratives devant précéder les décisions d'habilitation des personnes en ce qui concerne l'exercice de missions dites sensibles (mission de sécurité ou de défense, autorisations d'accès à des zones protégées en raison de l'activité qui s'y exerce, autorisations concernant les matériels ou produits présentant un caractère dangereux). Il permet également d'élaborer des statistiques.

Pour qu'une personne soit fichée au STIC, il faut que soit ouverte une procédure pénale à son encontre et que soient réunis, pendant la phase d'enquête, des indices ou des éléments graves et concordants attestant sa participation à la commission d'un crime, d'un délit ou de certaines contraventions de 5e classe. Les informations concernant les mis en cause majeurs sont conservées, sauf dérogation, pendant vingt ans. Les données concernant les mineurs sont conservées pendant cinq ans. La durée de conservation des informations concernant les victimes est au maximum de quinze ans.

Selon la CNIL, au 1er janvier 2004, le STIC recensait 26 millions d'infractions, 5 millions de mis en cause et 18 millions de victimes. Lors de ses investigations dans le fichier STIC, la CNIL a constaté un taux d'erreur d'environ 25 %. Les services de gendarmerie possèdent un fichier comparable au STIC, appelé Judex (système judiciaire de documentation et d'exploitation). La question de leur fusion a été évoquée à maintes reprises.

Sont fichées au Fnaed (fichier national automatisé des empreintes digitales) les empreintes digitales des personnes mises en cause dans une procédure pénale ou condamnées à une peine privative de liberté. Les empreintes digitales sont conservées pendant vingt-cinq ans. Les traces digitales retrouvées sur les lieux de l'infraction sont conservées pendant trois ans pour un délit et dix ans pour un crime, soit le délai de prescription de l'action publique. Selon la CNIL, au mois de mai 2004, le Fnaed contenait 1 850 000 fiches, correspondant à 2 250 000 empreintes et 155 000 traces.

Le Fnaeg (fichier national automatisé des empreintes génétiques) centralise les empreintes génétiques des personnes non identifiées (empreintes issues de prélèvements sur les lieux d'une infraction) et des personnes condamnées ou simplement mises en cause. L'enregistrement des empreintes ou traces est réalisé dans le cadre d'une enquête pour crime ou délit, d'une enquête préliminaire, d'une commission rogatoire ou de l'exécution d'un ordre de recherche délivré par une autorité judiciaire. Les empreintes génétiques sont conservées pendant quarante ans pour les personnes définitivement condamnées et vingt-cinq ans pour les personnes mises en cause, sauf irresponsabilité pénale. En 2007, selon la CNIL, le Fnaeg recensait 615 590 prélèvements ADN.

Les décisions judiciaires publiées sur Internet

> « La justice est rendue publiquement. Sauf exception, les décisions de justice peuvent être diffusées, et chacun a le droit de se faire l'écho d'une décision qui a été prononcée à son égard [...]. En soi, la publication de la décision n'est pas illicite, et la société Webvision apparaît avoir usé de son droit en la rendant accessible sur son site de l'Internet. Seul un abus de ce droit est susceptible d'être manifestement illicite. Il y a abus lorsqu'à dessein de nuire, le titulaire du droit de porter à la connaissance de tous le litige dans lequel il est impliqué, et les péripéties judiciaires de ce litige, en fait un usage préjudiciable à autrui[1]. »

Le principe qu'une décision judiciaire puisse être diffusée sur Internet, c'est-à-dire auprès du public, est ainsi affirmé de manière très ferme par la cour d'appel de Colmar. Plus encore, cette diffusion publique constitue une des garanties fondamentales consacrées notamment par l'article 6 de la Convention européenne de sauvegarde des droits de l'homme et des libertés fondamentales.

La justice doit être rendue au grand jour, à la vue de tous. C'est la garantie que l'acte de justice se déroule en dehors de tout « arrangement ». Chacun se souvient du bon roi Saint Louis rendant la justice sous son chêne au vu et au su de tous.

La publicité des décisions judiciaires découle du même principe que la publicité des audiences. La libre communication à toute personne qui en fait la demande, des jugements et arrêts rendus par les tribunaux et cours est également une application de ce même principe.

Il existe toutefois un certain nombre d'exceptions à ce principe. La publication ne doit pas constituer un « abus de droit ». Par abus de droit, la cour fait référence à deux situations précises : le dénigrement et la concurrence déloyale. Le dénigrement signifie que l'intention de publication n'est pas faite dans un but d'information mais pour nuire à une personne en particulier. Dans ce cas, celui qui publie peut voir sa responsabilité engagée et être condamné à réparer le préjudice qu'il a

---

1. CA de Colmar, décision du 15 novembre 2002, citée par le Forum des droits sur l'Internet, *www.foruminternet.org*.

causé. La concurrence déloyale vise les abus commis par des entreprises ou des professionnels en concurrence. Dans ce cas, l'entreprise abuse de la publication pour nuire à son concurrent ou détourner sa clientèle.

Pour le reste, les trois conditions de la responsabilité civile de droit commun doivent être réunies, à savoir une faute, un préjudice et un lien de causalité[1].

La CNIL a eu à se prononcer à plusieurs reprises sur le contenu des bases de données de jurisprudence publiées par les grands éditeurs juridiques, puisqu'il s'agit de données à caractère personnel.

Dès les années 1980, des éditeurs professionnels spécialisés ont réalisé des bases de données juridiques en compilant les décisions de jurisprudence les plus significatives. C'est à cette époque que la CNIL a été alertée sur le risque de détournement de ces données. En effet, certaines recherches ne présentaient aucun intérêt juridique et avaient pour unique objet de recueillir l'ensemble des décisions de justice relatives à une même personne. D'outils de documentation juridique, ces bases de données pouvaient être utilisées comme de véritables fichiers de renseignements.

En 1985, la CNIL a rappelé, d'une part, que les fichiers recensant des décisions de justice dans lesquelles figuraient les noms des parties devaient faire l'objet d'une déclaration préalable et, d'autre part, que toute personne pouvait s'opposer, pour des raisons légitimes, à ce que des informations la concernant fassent l'objet d'un traitement informatisé.

Sensible au fait que les bases de données mises en œuvre à l'époque étaient soit des bases internes aux juridictions, sans possibilité de consultation extérieure, soit des bases destinées aux professionnels du droit, pour un coût relativement élevé, la CNIL n'a pas estimé devoir recommander que les décisions de justice enregistrées dans ces bases soient préalablement rendues anonymes.

Les évolutions technologiques de ces dernières années, notamment l'arrivée des moteurs de recherche, ont considérablement changé la donne.

---

1. Art. 1382 du Code civil.

Les moteurs de dernière génération, tels que Google, indexent tout contenu numérique, où qu'il se trouve, quel que soit son format, en quasi-temps réel. La durée de conservation de ces informations indexées et mises en cache est de surcroît indéfini.

Afin de préserver les chances de réinsertion des délinquants au procès pénal, le juge peut ordonner que la décision qu'il rend ne fasse pas l'objet d'une inscription au casier judiciaire de l'intéressé. *A contrario*, il peut, pour certains contentieux déterminés, ordonner la publication de la décision rendue. Une telle mesure, encadrée par la loi, notamment quant à sa durée, constitue une peine complémentaire[1]. Or la puissance des moteurs de recherche actuels prive le justiciable de ces garanties légales. C'est dans ce contexte que la CNIL a recommandé, en 2001, dans une nouvelle délibération[2] que soient occultés de toute décision de justice le nom et l'adresse des parties et des témoins, personnes physiques, sans que ceux-ci aient à accomplir la moindre démarche.

Ainsi, à l'instar de plusieurs pays de l'Union européenne (Allemagne, Pays-Bas, Portugal), la France recommande, dans le souci du respect de la vie privée, l'anonymisation générale des décisions de justice librement accessibles. Cette anonymisation ne concerne toutefois que les décisions elles-mêmes, et rien n'est prévu pour la publication des débats, les articles de presse sur les audiences, etc., alors que ces mêmes débats et articles sont également recensés par les moteurs de recherche et peuvent tout autant constituer une entrave à la réintégration des personnes concernées.

Par ailleurs, être attrait devant un tribunal comme prévenu ou accusé ne signifie nullement que la personne concernée sera condamnée. Il conviendrait que le législateur se saisisse de ce problème pour entériner la doctrine de la CNIL, qui recommande la publication « anonymisée » des décisions de justice sur les réseaux lorsqu'elles concernent des personnes physiques, et étendre cette anonymisation à tout texte rapportant les débats ou audiences judiciaires.

---

1. Art. 131-10 du Code pénal.
2. Délibération n° 01-057 du 29 novembre 2001 portant recommandation sur la diffusion de données personnelles sur Internet par les banques de données de jurisprudence.

Moteurs de recherches condamnés pour contrefaçon de marque

Lorsqu'un utilisateur effectue une recherche sur Google, des « liens commerciaux » en rapport avec la requête effectuée s'affichent dans la partie supérieure droite de la page de résultats. Ces liens commerciaux sont clairement identifiés comme étant publicitaires afin d'éviter toute confusion avec les réponses à la requête. Pour figurer dans les liens commerciaux, c'est-à-dire en première page et donc en très bonne place, les annonceurs « achètent » des mots-clefs à Google, les fameux AdWords. Par exemple, lorsqu'un internaute effectue une recherche sur l'île Maurice, des agences de voyages proposant des produits vers cette destination apparaissent en liens commerciaux.

Certaines entreprises ont été tentées d'utiliser comme mot-clef des marques appartenant à d'autres sociétés, parfois concurrentes de la leur. Par exemple, lorsqu'un utilisateur faisait une recherche sur les produits de maroquinerie « Vuitton », des liens vers des sites proposant des produits concurrents, voire des contrefaçons, pouvaient apparaître en tant que liens commerciaux. Les entreprises estimant illicite cette utilisation de leur marque ont demandé au juge de sanctionner l'utilisateur indélicat et le moteur de recherche pour contrefaçon de marque.

S'agissant des utilisateurs, les tribunaux les condamnent lorsqu'ils sont identifiés et qu'ils ont effectivement contrefait une marque enregistrée et valide. Ces condamnations ne posent aucune difficulté particulière. En revanche, les tribunaux ont eu à se prononcer sur la question de savoir si le moteur de recherche lui-même était également condamnable sur le terrain de la contrefaçon de marque. La question n'est pas évidente car le choix de la marque comme lien commercial, n'est pas celui du moteur de recherche mais de l'utilisateur indélicat.

Ces jurisprudences ont concerné tous les moteurs de recherche et, logiquement, le premier d'entre eux, Google. Si la jurisprudence n'est pas uniforme en la matière, la plupart des juridictions saisies[1] ont condamné le moteur de recherche sous diverses qualifications juridiques. Ce n'est pas tant le fait d'accepter des marques déposées en tant que mots-clefs qui constitue la contrefaçon[2] mais le fait d'en proposer l'achat. Google offre aux annonceurs la possibilité de recourir à un « générateur de mots-clefs » qui leur propose automatiquement des mots-clefs jugés pertinents en fonction des

---

1. CA de Paris, 4ᵉ chambre, 28 juin 2006, SARL Google, Google Inc./SA Louis Vuitton Malletier ; CA de Versailles, 12ᵉ chambre, section 2, 23 mars 2006, affaire *eurochallenges. com* : Google Inc./CNRRH ; CA d'Aix-en-Provence, 2ᵉ chambre, 6 décembre 2007, TWD Industrie/SARL Google, Google Inc.

2. Sur ce fondement, le TGI de Strasbourg (20 juillet 3007, RLDI, 2007/30, n° 996) a relaxé tant Google que l'annonceur lui-même.

requêtes les plus fréquemment saisies par les internautes et du contenu des sites Web des annonceurs.

Google se rend également coupable de contrefaçon lorsque l'annonce publicitaire associée aux liens commerciaux contient la reproduction de marques déposées. Selon la jurisprudence majoritaire, le moteur de recherche ne doit pas être considéré comme un simple hébergeur d'annonces, mais comme une régie publicitaire.

En conclusion

Internet recèle quantité de bases de données gigantesques constituées de millions de données à caractère personnel. Ces bases de données ont été réalisées le plus souvent sans l'autorisation des personnes fichées. Elles sont dès lors illégales, tant au regard du droit français que du droit communautaire.

Cette situation a été dénoncée à maintes reprises. Les moteurs de recherche sont sur le banc des accusés. Ils rendent d'immenses services aux internautes, mais peuvent également constituer une menace pour nos libertés individuelles et publiques.

La publicité des décisions judiciaires et le recensement des peines consécutives à des décisions judiciaires définitives font l'objet, depuis des siècles, d'une minutieuse réglementation de la part des autorités publiques, notamment au travers de l'institution centrale qu'est le casier judiciaire.

Deux phénomènes *a priori* indépendants ont récemment fait vaciller cet édifice multiséculaire :

- Sous le prétexte de lutter contre la contrefaçon sur Internet, le législateur a autorisé en 2004 et pour la première fois des organismes privés à recenser dans des fichiers la constatation d'infractions principalement commises dans le cadre des échanges de fichier en peer-to-peer.

- L'avènement d'Internet et des moteurs de recherche donne désormais à quiconque la possibilité d'effectuer des recherches de ce type.

Une première réponse à ces dérives, émanant de la CNIL, recommande l'anonymisation des coordonnées des personnes physiques citées dans les décisions judiciaires publiées en ligne.

Reste que la recommandation n'aura d'effet qu'au niveau national et que le problème de la publicité des débats, des reportages et des enquêtes n'est pas traité. Le législateur devrait se saisir de ce problème afin de définir une règle protégeant non seulement le droit à la réintégration dans la société de tout condamné, mais la présomption d'innocence, faute de quoi Google restera plus fort que le casier judiciaire.

Conclusion

Du fait du développement d'Internet, de la téléphonie et de l'Internet mobile, qui touche désormais tout autant les foyers que l'entreprise, de plus en plus d'objets numériques peuplent notre quotidien. Paradoxalement, cet amoncellement de technologies place plus que jamais l'individu au centre du dispositif. L'explosion actuelle des réseaux sociaux tels que Facebook montre à quel point chacun d'entre nous a pris conscience de cette évolution.

Internet offre-t-il pour autant à l'individu toutes les garanties pour la défense de son identité ? Pour échanger en toute confiance, les citoyens et les consommateurs, mais aussi les entreprises, leurs salariés et leurs partenaires, comme les administrés ont besoin de s'identifier les uns les autres avec certitude. Les informations qu'ils dévoilent pour échanger doivent de surcroît être protégées d'une divulgation publique massive et de détournements.

Tout démontre que la réalité actuelle est exactement à l'opposé. L'identité numérique est éparpillée aux quatre coins d'Internet, soumise aux caprices des fournisseurs de service et sans contrôle réel des utilisateurs. Elle devient dès lors une cible de choix pour tous les prédateurs, lesquels s'en emparent pour constituer des bases de données gigantesques le plus souvent illégales. Dans le même temps, l'absence d'un système d'identité numérique global impose ses limites à la société de l'information actuelle et génère des déficiences dont les principaux symptômes sont la violation de la vie privée et l'usurpation d'identité.

L'identité numérique échappe ainsi à l'individu, mais également à l'État et, au final, à tous.

Une telle problématique ne peut être abordée sous le seul angle technologique. Le droit y tient un rôle fondamental. Nous avons dressé dans ce livre un état des lieux de ce qu'est, aujourd'hui, l'identité numérique dans sa relation au droit. Nous avons également tenté de tracer des pistes pour résoudre les problèmes soulevés :

- création d'un droit à l'anonymat pour lutter contre les dérives attentatoires au respect de la vie privée ;

- limitation de l'obligation légale de traçabilité au strict nécessaire, afin de ne pas créer les conditions d'une surveillance généralisée de tous par tous ;

- meilleure définition et appréhension juridique du pseudo, des noms de domaine, des URL et des mots de passe ;

- construction de systèmes d'identité numérique globaux délivrant des titres d'identité et organisés autour d'un registre distribué ou décentralisé et ouvert ;

- meilleure prise en compte par la loi des violations du droit à l'image sur les réseaux ;

- lutte contre l'usurpation d'identité et les dérapages de certaines pratiques des moteurs de recherche.

Mais puisque le droit ne peut tout, il faut créer des outils et des systèmes qui permettent aux individus et aux entreprises de retrouver la maîtrise de leur identité.

La signature électronique et la PKI, Liberty Alliance, OpenID, Windows CardSpace, sont quelques-unes des techniques, initiatives et concepts en cours d'expérimentation. À ce jour, cependant, aucune solution n'a emporté l'adhésion massive des utilisateurs.

Il est pourtant crucial pour les entreprises, la société en général et les individus qui la composent que la question de l'identité numérique trouve enfin réponse. C'est la condition primordiale pour que les technologies de l'information soient utilisées en confiance et en paix.